大豆球蛋白引起仔猪
过敏反应及其缓解机制研究

◎ 孙 鹏 著

中国农业科学技术出版社

图书在版编目（CIP）数据

大豆球蛋白引起仔猪过敏反应及其缓解机制研究／孙鹏著.—北京：中国农业科学技术出版社，2018.7

ISBN 978-7-5116-3632-4

Ⅰ.①大… Ⅱ.①孙… Ⅲ.①大豆-植物蛋白-诱发反应-仔猪-变态反应-研究 Ⅳ.①S565.101②S858.28

中国版本图书馆 CIP 数据核字（2018）第 082173 号

| 责任编辑 | 崔改泵 金 迪 |
| 责任校对 | 贾海霞 |

出 版 者	中国农业科学技术出版社
	北京市中关村南大街 12 号 邮编：100081
电 话	（010）82109194（编辑室） （010）82109702（发行部）
	（010）82109709（读者服务部）
传 真	（010）82106650
网 址	http://www.castp.cn
经 销 者	各地新华书店
印 刷 者	北京建宏印刷有限公司
开 本	710mm×1 000mm 1/16
印 张	8.25
字 数	115 千字
版 次	2018 年 7 月第 1 版 2018 年 7 月第 1 次印刷
定 价	60.00 元

◀━◀▌ 版权所有·翻印必究 ▐▶━▶

前　言

　　大豆中蛋白质含量高，氨基酸平衡性好，是人和动物优质的植物性蛋白源，在人类食品和动物饲料工业中具有极高的应用价值。然而，生大豆中含有多种抗营养因子，包括胰蛋白酶抑制因子、脲酶和凝集素等热敏性抗营养因子，植酸、寡糖、单宁和抗原蛋白等热稳定性的抗营养因子，以及抗维生素因子等其他抗营养成分。热敏性抗营养因子可以通过加热的方式去除，但热稳定性的抗营养因子通过简单的热处理不易被破坏，仔猪等幼龄动物采食后仍可诱发其过敏反应。以往针对大豆抗原蛋白的研究并未揭示其诱发仔猪过敏反应的具体作用机制。

　　本书系统介绍了大豆中主要抗原蛋白大豆球蛋白 Glycinin 诱发仔猪过敏反应的机理，并揭示了维生素 C 对其致敏作用的缓解机制。笔者以新生仔猪为研究对象，通过对大豆中主要抗原蛋白 Glycinin 的提取、纯化，建立了仔猪过敏反应模型，探讨了大豆球蛋白 Glycinin 对仔猪的最低致敏剂量。通过研究发现，Glycinin 诱发仔猪的过敏反应是由 IgE 介导的 Th2 型免疫反应，过敏仔猪体液和细胞免疫反应受到抑制，肠道肥大细胞脱颗粒并释放大量组胺等炎性因子是诱发其过敏反应的根本原因。进一步探究发现，口服维生素 C 通过刺激过敏仔猪体内 Th1 型细胞因子 IFN-γ 的分泌，抑制体内 Th2 型细胞因子 IL-4 的合成，从而使体内的 Th1/Th2 型免疫反应趋于平衡，最终缓解仔猪的过敏反应症状。

　　全书内容共分为 7 章，主要内容包括：大豆抗原蛋白诱发仔猪过敏反应的国内外研究进展、Glycinin 样品蛋白纯度与免疫原性的测定、不同水平大豆抗原蛋白 Glycinin 对仔猪的致敏作用、大豆抗原蛋白 Glycinin 对致敏仔猪变态反应的调控机制、维生素 C 对大豆抗原蛋白 Glycinin 诱发仔猪致敏反应的缓解机制以及维生素 C 对大豆抗原蛋白 Glycinin 致敏仔猪抗氧化性能的影响研究等，为今后治疗大豆抗原蛋白导致的过敏性疾病提供了新的思路。

本书涉及的相关研究是在中国农业大学农业部饲料工业中心完成的。本书是在国家高层次人才特殊支持计划（"万人计划"青年拔尖人才）及中国农业科学院科技创新工程项目（编号：ASTIP-IAS07）资助下完成的。本书凝聚了多人的智慧，在此向研究过程中给予我理解、支持、关心和帮助的老师、同学和朋友们表示衷心的感谢！

鉴于作者写作水平有限，书中难免存在疏漏与不足之处，敬请广大读者批评指正。

作　者

2018 年 3 月

目　录

1 大豆抗原诱发仔猪过敏的研究进展

1.1 国内外研究现状

1.1.1 大豆抗营养因子

大豆中蛋白质含量高，氨基酸平衡性好，是人和畜禽优质的植物性蛋白源（Hancock 等，2000；Friedman 和 Brandon，2001），广泛应用于人类食品及动物饲料工业（图 1-1）。然而，大豆中含有多种抗营养因子，包括

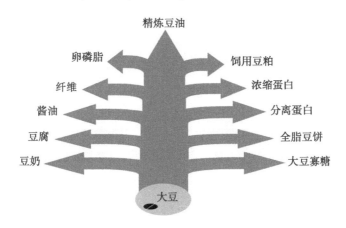

图 1-1　大豆及其制品功能树

Figure 1-1　The functional tree of soybean and its products

胰蛋白酶抑制因子，大豆凝集素，抗原蛋白、抗维生素因子、单宁、皂苷、脲酶等，它们通过干扰营养物质的消化吸收、破坏正常的新陈代谢和引起不良的生理反应等多种方式危害人和畜禽，尤其是婴幼儿和幼龄畜禽的生长和健康，从而在一定程度上降低了大豆制品的利用效率（图1-2）。

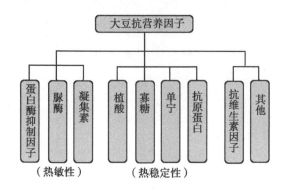

图1-2　大豆中主要抗营养因子

Figure 1-2　Major anti-nutritional factors in soybean

1.1.2　大豆抗原蛋白的定义和分类

1.1.2.1　大豆抗原蛋白的定义

大豆抗原蛋白又称致敏因子，是大豆中能引起人和动物过敏反应的一些蛋白质。一般认为引起食物过敏的致敏原大都来源于食物中的蛋白质，而实际上与过敏反应相关的仅为其部分抗原决定簇（数个至数十个氨基酸）。目前大家研究较多的、能引起幼龄动物过敏反应的大豆蛋白质主要还是大豆球蛋白（Glycinin）和β-伴大豆球蛋白（β-Conglycinin），其二者是免疫原性最强的大豆蛋白，占大豆籽实蛋白质总量的65%～80%，是大豆中主要的抗原蛋白质。Glycinin和β-Conglycinin是热稳定性抗营养因子，普通的热处理对其破坏作用较小，目前在生产实践中缺乏完全有效地去除这些大豆抗营养因子的加工方法。

1.1.2.2 大豆蛋白的分类

大豆蛋白的分类方法有许多。根据生物学功能，大豆蛋白可分为代谢蛋白和贮藏蛋白；根据溶解方式，大豆蛋白可分为白蛋白和球蛋白，其中以球蛋白为主；另一种分类方法是以蛋白质沉降系数为基础的超速离心分类法。根据该方法，大豆蛋白分为 4 个组分，即 2S、7S、11S 和 15S。其中 2S 约占 22%，主要是胰蛋白酶抑制因子和细胞色素 C；7S 约占大豆蛋白质的 37%，是一个三聚体糖蛋白，含糖量为 5%，主要包括大豆凝集素、β-淀粉酶、脂肪氧化酶和 7S 球蛋白（Conglycinin）；11S 约占大豆球蛋白的 31%，主要为 11S 球蛋白，它也是糖蛋白，含糖量约 0.8%；15S 约占大豆球蛋白的 10%，是复合蛋白质，即多聚体 Glycinin，其中包括脲酶（表1-1）（朱建华等，2003）。

表 1-1　大豆中的主要蛋白成分

Table 1-1　The major proteins in soybean

组分 Components	成分 Ingredients	分子量（Dal） Molecular weight（Dal）
2S	胰蛋白酶抑制剂 Trypsin inhibitor	8 000~21 500
	细胞色素 C Cytochrome C	12 000
7S	凝集素 Agglutinin	110 000
	脂肪氧化酶 Lipoxygenase	102 000
	β-淀粉酶β-Amylase	61 700
	7S 球蛋白 7S Globulin（β-Conglycinin）	180 000~210 000
11S	11S 球蛋白 11S Globulin（Glycinin）	350 000
15S		600 000

注：参考朱建华等，2003（Zhu Jianhua et al.，2003）

此外，用免疫电泳的方法可将 Conglycinin 分为α-Conglycinin、β-Cong-

lycinin 和γ-Conglycinin（李德发，2003）。α-Conglycinin 是具有酶活性的 2S
蛋白质。β-Conglycinin 和γ-Conglycinin 不具有酶的活性，在中性环境和离
子强度为 0.05 ~ 0.1 的条件下，可将β-Conglycinin 和γ-Conglycinin 分开。
β-Conglycinin 在高离子强度下存在一个 7S 沉降系数，在低离子强度下可聚
合成 9S ~ 10S 蛋白，但 γ- Conglycinin 没有这种特性。Glycinin、α-
Conglycinin、β-Conglycinin 和γ-Conglycinin 都具有免疫原性，都能不同程度
地导致人和动物的过敏反应，但以 Glycinin 和β-Conglycinin 的免疫原性最
强，是引起动物致敏反应的主要物质，它们与大豆蛋白的功能性和营养性
有着密切关系。

1.1.3　大豆抗原蛋白的种类和抗营养作用

　　大豆抗原是指大豆及其制品中含有的一些可以引起人和动物产生过敏
反应的物质，主要有：大豆疏水蛋白（Soybean hydrophobic protein）、大豆
壳蛋白（Soybean hull protein）、大豆抑制蛋白（Soybean profilin）、大豆空
泡蛋白（Soybean vacuolar protein）、大豆球蛋白（Glycinin）、伴大豆球蛋白
（Conglycinin）和胰蛋白酶抑制因子等（L'Hocine 和 Boye，2007）。其中对
动物影响最大的是大豆球蛋白和 β-Conglycinin。

　　大豆抗原蛋白的抗营养作用主要有：①降低饲料蛋白质的利用率；
②由于活化免疫系统而提高了维持需要；③增加内源蛋白质的分泌，导致
粪氮增加；④有些敏感动物会出现过敏反应，导致腹泻、生产性能下降甚
至死亡（刘欣和冯杰，2004）。

1.1.4　大豆抗原蛋白 Glycinin 的理化性质

　　Glycinin 是纯化的 11S 大豆球蛋白，是大豆蛋白质中最大的单体成分，

占大豆籽实蛋白质总量的 25%~35%，球蛋白总量的 40%。Glycinin 与 β-Conglycinin 不同，只有很小一部分糖基（李德发，2003）。

Glycinin 是相对分子量为 320~360 kDa 的六聚体，其单聚体亚基的结构形式为 A-S-S-B。其中 A 为酸性多肽，B 为碱性多肽。A 和 B 的分子量分别为 34~44 kDa 和 20 kDa。S-S 是一个二硫键，它将 A 和 B 连接起来，分别标示为 $A_{1a}B_2$（G1）、A_2B_{1a}（G2）、$A_{1b}B_{1b}$（G3）、$A_5A_4B_3$（G4）和 A_3B_4（G5）（Hou 和 Chang，2004；Golubovic 等，2005）。11S 球蛋白中蛋氨酸含量低，而赖氨酸含量高，疏水的丙氨酸、缬氨酸、异亮氨酸和苯丙氨酸与亲水的赖氨酸、组氨酸、精氨酸、天冬氨酸和谷氨酸的比例为23.5：46.7。Glycinin 酸性亚基和碱性亚基的等电点分别为 4.80~5.50 和 6.50~8.50。

研究表明，在 Glycinin 分子 G1 亚基的酸性多肽链上有 IgE 抗原决定簇，被人和动物食入后，可引起致敏人群或动物体内 IgE 抗体升高，从而导致过敏反应的发生（Zeece 等，1999；Beardslee 等，2000）。

1.1.5 Glycinin 的生物学功能

1.1.5.1 营养功能

大豆是优质的植物蛋白和油脂来源，具有极高的营养价值，其所含蛋白质约占大豆籽粒的 40%。大豆中必需氨基酸的绝对含量高，且氨基酸组成比例平衡，接近理想蛋白质模式中的氨基酸比例，是人和动物优质的植物蛋白来源。其中，Glycinin 约占大豆中蛋白质的 30%左右，人和动物所食入的大部分 Glycinin 作为营养物质被肠道吸收利用，只有一小部分是具有抗原性的，可以引起人和动物的过敏反应。

1.1.5.2 抗营养功能

人们对大豆抗原蛋白 Glycinin 的免疫生物学特性和致敏反应做了广泛

的研究，已有的研究发现，大豆抗原蛋白 Glycinin 主要引起仔猪、犊牛等幼龄动物和婴儿的过敏反应（Duke，1934；Li 等，1990；Li 等，1991；Dréau 等，1994；Lallès 等，1999）。

1.1.6　β-conglycinin 的生物学功能

1.1.6.1　营养功能

作为大豆中另一种主要贮藏蛋白，β-Conglycinin 占大豆籽实总蛋白的 10.0%~12.7%和总球蛋白的 30.0%（Mujoo 等，2003）。与 Glycinin 相比，β-Conglycinin 含有更多的糖基（3.8%甘露糖和1.2%氨基葡萄糖），且通过 N-乙酰葡萄糖胺形式结合在肽链的天冬氨酸残基上。因此，β-Conglycinin 是一类糖基化蛋白质（张雪梅和郭顺堂，2003）。早期学者采用免疫电泳方法将 Conglycinin 分为 α-Conglycinin、β-Conglycinin 和 γ-Conglycinin（Catsimpoolas 和 Ekenstam，1969）。其中α-Conglycinin 具有酶活性，而β-Conglycinin 和γ-Conglycinin 不具有酶活性，因此，在中性环境和离子强度为 0.05~0.10 的条件下，可将β-Conglycinin 和γ-Conglycinin 分开。β-Conglycinin 的分子量为140~180 kDa，由 α、α'和 β 3 种亚基组成，各亚基的分子量分别为 58~77 kDa、58~83 kDa 和 42~53 kDa（Thanh 和 Shibasaki，1977；Shuttuck-Eidens 和 Beachy，1985；Perez 等，2000；Maruyama 等，2003；Mujoo 等，2003）；等电点分别为 4.90、5.18 和5.66~6.00（Lei 和 Reeck，1987）。β-Conglycinin 的稳定性较 Glycinin 差，其在离子强度变化时不稳定，常发生聚合或离析作用。在高离子强度下，β-Conglycinin 存在一个 7S 沉降系数。在低离子强度下，β-Conglycinin 可聚合成9S~10S 蛋白。3 个亚基的热稳定性顺序为：β > α'> α（Maruyama 等，2003）。

1.1.6.2　抗营养功能

α-Conglycinin、β-Conglycinin 和γ-Conglycinin 都具有免疫原性，都能

不同程度地引起人和畜禽的过敏反应，尤其以 β-Conglycinin 的免疫原性最强。但是，导致过敏反应的具有抗原活性的大豆 β-Conglycinin 只占其中很少一部分。

1.1.7 大豆主要抗原蛋白的分离提纯方法

分离大豆中主要抗原蛋白 Glycinin 和 β-Conglycinin 的方法已有多种，但其中应用最广泛的是 3 种方法，即免疫学法，简化膜中间试验程序（简称简化程序）以及修正的那哥诺中间试验程序等。了解不同分离方法间的差异，有利于研究人员进一步定性与定量分析大豆抗原，对于其性质的研究及大豆蛋白质的应用将具有极其深远的意义。

1.1.7.1 不同方法的分离程序

（1）免疫学法

利用免疫学法分离大豆中主要抗原蛋白的方法见图 1-3。

（2）简化程序

利用简化膜中间试验程序（简化程序）分离大豆中主要抗原蛋白的方法见图 1-4。

（3）修正的那哥诺中间试验程序

利用修正的那哥诺中间试验程序分离大豆中主要抗原蛋白的方法见图 1-5。

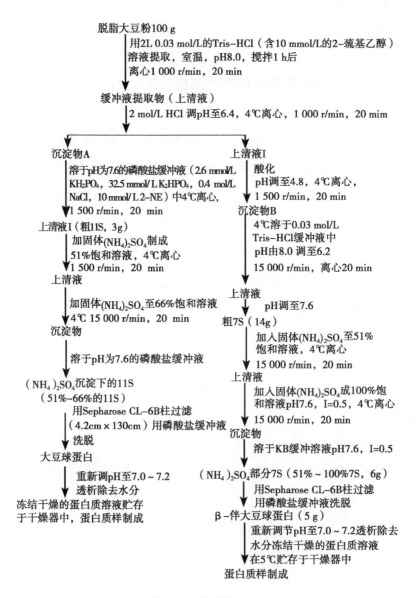

图 1-3   免疫学法

Figure 1-3   Immunological method

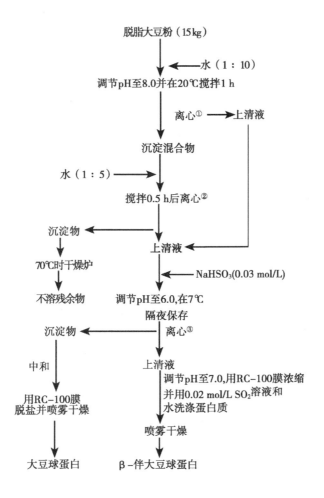

①离心机分离碟转速为 5 700 r/min，后驱小齿轮转速为 4 000 r/min，转移泵速为 250 r/min；

②离心机分离碟转速为 5 700 r/min，后驱小齿轮转速为 4 200 r/min，转移泵速为 250 r/min；

③用 Alfa Laval 离心机离心，转速为 9 800 r/min，转速泵速为 450 r/min

图1-4 简化程序

Figure 1-4 Simple procedures

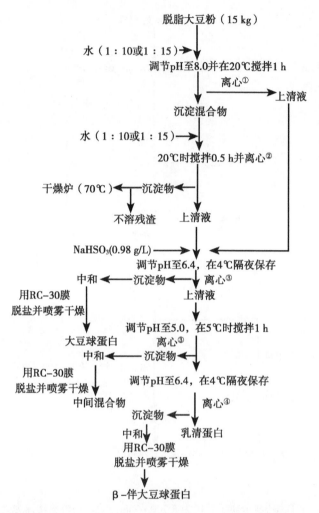

①离心机分离碟转速为5 700 r/min，后驱小齿轮转速为4 000 r/min，转速泵速为250 r/min；

②离心机分离碟转速为5 700 r/min，后驱小齿轮转速为4 200 r/min，转速泵速为250 r/min；

③用Alfa Laval 离心机离心，转速为9 800 r/min，转移泵速为450 r/min；

④用Alfa Laval 离心机离心，转速为9 800 r/min，转移泵速为470 r/min

图1-5 修正的那哥诺中间试验程序

Figure 1-5 Intermediate test procedure

1.1.7.2 不同方法的差异

以上 3 种方法中使用的大豆粉，其加工方法基本相同，即将未经筛选的大豆磨成粉，用己烷在常温下脱脂而得。这 3 种方法的共同点均是将大豆球蛋白沉淀出来，而将 β-Conglycinin 留在溶液中，使二者得以分离。为此，在分离过程中需加入还原剂并需冷却以减少它们之间的交叉污染（即 Glycinin 中混有 β-Conglycinin，或 β-Conglycinin 中混有大豆球蛋白），从而提高产品纯度。有关 3 种方法的差异比较见表 1-2。

表 1-2　3 种分离方法的比较

Table 1-2　The comparison of three separation methods

项目	免疫学方法		简化程序		修正法	
大豆来源	Glycine max var. Raiden		MBS2795（1995 crop. Iowa）		MBS2795（1995 crop. Iowa）	
大豆粉用量	100 g		15 kg		15 kg	
试剂与药品来源	PharmaciaCo：Nakaral Chemicals		ScientificCp.Inc.St.louis.MO		Scientific Co. Inc（St.louis.MO）	
仪器设备	冷冻离心机，冷冻干燥装置		p6000 离心机 BTPX205 磁式离心机 Feed and Bleed 膜滤过系统 喷雾干燥装置		p6000 离心机 BTPX205 磁式离心机 Feed and Bleed 膜滤过系统 喷雾干燥装置	
产物成分	大豆球蛋白	β-伴大豆球蛋白	大豆球蛋白	β-伴大豆球蛋白	大豆球蛋白	β-伴大豆球蛋白
产量	5g	5g	9.70%	19.60%	9.40%	10.30%
纯度（干重）	>98%	>98%	92.80%	62.60%	90.30%	71.30%

由表 1-2 可知：利用修正的那哥诺法得到 3 种蛋白质分离物，而用其余 2 种方法均只得到 2 种目的抗原。简化法得到的 Glycinin 含量与修正法所得相似，而 β-Conglycinin 的产量则为修正法的 2 倍。需要指出的是，Setsuko 和 Fumio 利用免疫学法提取 2 种大豆抗原时，文献中只报道了产物的实际含量：他们从 100 g 脱脂大豆样品中提取出纯净的 Glycinin 5 g，β-Conglycinin 5 g，而理论上 100 g 大豆样品中 2 种抗原的实际含量分别为

7.5 g 和 7.7 g，且二者之和约占大豆种子蛋白质总量的 70%，他们的提取量占总含量的 65%，是当时已有记载的最高产量，且经他们所提纯的这 2 种大豆抗原几乎不含其他杂质，可见纯度已经相当高。β-Conglycinin 的量也与 Murphy 和 Resrureccion 用此方法得到的结果基本一致。相反，Murphy 和 Resrureccion 对 Glycinin 的测定值却偏高，他们测得的 Glycinin 的含量为 50%，这一数字可能错误的原因如下：利用十二烷基硫酸钠凝胶电泳来纯化大豆球蛋白，可能导致其分子结构的变化，因而免疫学反应可能发生改变，故使测定值偏高。

由表 1-2 还可知，利用简化法来分离大豆抗原，得到的大豆球蛋白的纯度明显高于利用修正法所得产物的纯度，而 β-Conglycinin 的纯度相对于修正法而言却较低。前已述及，利用免疫学法得到的大豆抗原趋于纯净物，故可推知，就所得产物纯度而言，此法优于其他两种分离方法。过去已有诸多研究人员使用过这一方法提纯大豆球蛋白和 β-Conglycinin，用来研究蛋白质的热变性和其他功能特性。与超速离心分析和比重分析相比，免疫学法更适合测定不同部分中大豆球蛋白和 β-Conglycinin 的绝对含量。

另外，从试验程序可知，3 种分离方法所需时间差异不明显，免疫学法需进行 10 次离心操作，最后的柱层析耗时较长，若所有步骤均不受干扰连续进行，则完成全部试验需 3～4 d；其他两种方法虽无需多次离心，但由于中间产物需隔夜保存，且干燥时需在干燥器中停留 28 h，故也需 3～4 d。免疫学法中除第一步为常温操作外，其余步骤均在低温（4℃）条件下进行，有利于保持抗原的活性，优于另外两种方法，这也是其产物较纯的原因之一。但因冷冻离心机价格昂贵，过柱时所用的填充物 Sepharose CL-6B 需要进口，因而试验成本相对较高。若试图用普通离心机代替冷冻离心机完成离心过程，则所得抗原可能由于温度过高而使其活性受到影响，甚至失活。

综上所述，利用免疫学法分离得到的 Glycinin 和 β-Conglycinin 纯度较高，但低温处理却限制了此法的实用性，尤其不能用于大规模制备2种抗原。不过由于所需原料量较少，故较适于实验室条件下的微量分析。简化法和修正法得到的2种分离物纯度稍低，但原料用量大，可一次性获得较多量的2种大豆抗原物质，故可用于大规模生产 Glycinin 和 β-Conglycinin。由于免疫学法与其他2种方法所用大豆的来源不同，试验中涉及到的试剂及药品来源亦不同，故所得结果的可比性尚存在争议。有关使用同一种大豆分别采用3种分离方法在相同环境条件下同时提纯2种抗原所得结果的差异比较还有待于进一步的研究。

1.1.8　食物过敏

1.1.8.1　食物过敏反应的定义及分类

食物过敏被定义为一种对食物中存在的抗原分子的不良免疫介导反应，也将此反应称为变态反应（allergy），即我们所说的过敏反应（anaphylaxis），又称为超敏反应（hypersensitivity）。过敏反应与免疫应答本质上都是机体对某些抗原物质的特异性免疫应答，但前者主要表现为组织损伤和（或）生理功能紊乱，后者主要表现为生理性防御效应。国外研究的食物致敏原有大豆、花生、甲壳类动物、鸡蛋、牛奶、鱼、坚果和小麦等（Zuercher 等，2006）。食物过敏不同于食物不耐受（food intolerance），食物不耐受是对食物的非免疫反应，例如喝牛奶腹泻是由于乳糖不耐受导致的，食物过敏的症状则能从轻微的不适到危及性命的休克（Foucard 和 Yman，1999）。过敏是免疫反应异常的表现，无论高（变态反应）低（免疫缺陷）均能引起组织损害，导致疾病（刘晓毅，2005）。

根据过敏反应的发生机制和临床特点，过敏反应可分为4种类型：①速发型超敏反应，又称Ⅰ型过敏反应；其特点是主要由 IgE 抗体所介导，反应发生迅速，恢复也较快；②细胞毒型超敏反应，又称Ⅱ型过敏反应；

是 IgG 或 IgM 类抗体与存在于组织细胞表面的抗原结合，通过激活补体或在巨噬细胞或杀伤细胞的参与下溶解或杀伤细胞，造成以组织或细胞损伤为特征的过敏反应；③免疫复合物型超敏反应，又称Ⅲ型过敏反应；其特点是游离抗原与相应抗体结合，形成中等大小可溶性免疫复合物，并大量沉积于全身或局部毛细血管基底膜，通过激活补体，在嗜碱性粒细胞、血小板和中性粒细胞参与下，引起以充血、水肿、局部坏死和中性粒细胞浸润为特征的血管及其周围组织的炎症性反应；④迟发型超敏反应，又称Ⅳ型过敏反应；由致敏 T 淋巴细胞与相应致敏抗原作用而引起的以单核细胞浸润和细胞变性坏死为主要特征的炎症反应。食物过敏是一个非常复杂的问题，典型的食物过敏常常涉及Ⅰ和Ⅳ型超敏反应。

1.1.8.2 引发食物过敏的原因

过敏反应的发生主要涉及两个方面的因素：一是抗原物质的刺激，二是机体的反应性。食物变态反应大多发生在儿童和幼龄动物上，与遗传、年龄、感染性胃肠道疾病以及环境因素有关。胃肠道障碍，如感染引起的胃肠炎、自身免疫性疾病以及酶缺陷性疾病都可以引起食物过敏。胃肠道通透性增加会使抗原物质更易进入血液导致过敏。IgE 水平的升高和 sIgA 缺乏也会导致过量抗原的吸收。此外，动物早期或长期暴露于抗原中易患食物过敏。

1.1.8.3 过敏反应与肠道黏膜免疫系统

黏膜免疫系统是指广泛分布在呼吸道、消化道、泌尿生殖道及一些外分泌腺体的淋巴组织，是执行局部特异性免疫功能的主要场所。黏膜免疫系统包括肠相关淋巴组织、支气管相关淋巴组织和鼻黏膜相关淋巴组织等（胡迎利等，2005）。其中胃肠道是动物机体的主要屏障，其免疫系统对潜在的病原和日粮抗原的侵袭作出应答，后者在数量上占据主要地位并对动物构成非直接性威胁。一方面，对潜在病原激发保护性的免疫耐受性反应似乎很困难；另一方面，日粮中的抗原成分又很容易诱发有害的过敏反应。

肠道是机体接触各种抗原（如细菌、病毒、寄生虫、食物毒素和药物等）的部位，肠黏膜免疫系统就是第一道免疫防御系统。肠黏膜内的淋巴组织，聚集大量的淋巴细胞，每天产生大量免疫球蛋白，以保护黏膜的完整和功能。黏膜产生免疫球蛋白决定于黏膜局部分泌的细胞因子以及细胞因子对淋巴细胞功能的刺激和调节（宫德正等，2002）。

肠道免疫系统主要由肠道淋巴组织构成。肠道淋巴组织由分布于肠道黏膜的成熟的 T 淋巴细胞和 B 淋巴细胞区、派伊尔淋巴集结和肠系膜淋巴结区（mesenteric lymph nodes，MLN）组成。二者间通过血液和淋巴导管连接。肠腔中的抗原物质通过派伊尔淋巴集结上的巨噬细胞的内吞作用进入淋巴组织，并由抗原呈递细胞（antigen presenting cell，APC）加工处理。尚未完全成熟的淋巴细胞离开派伊尔淋巴集结进入淋巴循环并分布于肠道组织，位于肠黏膜的淋巴细胞主要是产生 IgA 的 B 细胞。IgA 在黏膜免疫中起着举足轻重的作用：①免疫排除功能，干扰病原微生物对黏膜的粘附，并阻止黏膜对细菌毒素和其他有害分子的摄取；②在巨噬细胞、淋巴细胞的参与下介导抗体依赖的细胞介导的细胞毒作用；③不激活补体和淋巴因子而介导炎症；④干扰某些因子对细菌生长的作用（胡迎利等，2005）。除 IgA 外，其他各类 Ig 在黏膜免疫中也起一定的作用。黏膜中有产生 IgM 的 B 细胞，分泌的 IgM 可通过分泌成分（secretory component，SC）介导的转运机制，释放到黏膜腔，在 IgA 缺陷的个体发挥黏膜免疫效应。IgG 在黏膜部位的合成量相当少，而且不能通过上皮细胞，所以在黏膜免疫系统中只起一般的作用。

在胸腺成熟期，胸腺 T 淋巴细胞开始表达 αβ 表型受体。这些 T 淋巴细胞分布于肠道上皮和固有层，固有层中的 T 淋巴细胞大多数是辅助性 T 细胞（CD4$^+$），而肠道上皮中的 T 淋巴细胞是抑制性 T 细胞（CD8$^+$）。机体在对免疫应答作出调节时，CD4$^+$和抗原呈递细胞在派伊尔淋巴集结中相互作用，形成 IgM 向 IgA 的转化，进而影响 IL-4 和 IL-8 的产生，肿瘤坏死因子诱导肠细胞 IL-6 的产生，而后者有助于 IgA 分泌细胞的分化。到目前为止，对肠道 T 细胞的调节机制还不清楚，但血液和淋巴循环中抗体的水平与抗原的自然属性、抗原存在的时间、机体的免疫状态和遗传背景高度相关（李德发，2003）。

黏膜免疫主要有两方面的功能：一是与其他非特异性因素一起，保护机体不受病原微生物的侵害；二是对饮食中大量的抗原及正常菌群等产生免疫耐受，以防止全身免疫系统与抗原之间发生不必要的接触或产生过度的应答。当黏膜免疫系统的功能不健全时，机体易发生感染、过敏反应及自身免疫病。

健康机体中，肠黏膜免疫系统对食物中大量的抗原不发生免疫应答，从而产生口服免疫耐受性，这种现象可使整个免疫系统及整个机体不至于受这些抗原的过度干扰而导致疾病的发生。口服耐受性的强弱与诸多因素有关，而年龄是其中一个较为重要的因素，例如儿童和幼龄畜禽的口服耐受性较低，易对某些经口而入的抗原发生过敏反应。

1.1.8.4 食物抗原的判定

一般来说，食物抗原的鉴定依据以下 3 个标准：第一，抗原分子为大分子物质，分子量一般较大。第二，抗原分子具有较强的稳定性，加工处理对其破坏作用较小。第三，抗原一般具有抵抗肠道消化酶降解的能力（Goodman 等，2007）。大多数已知的蛋白致敏原能耐受食品加工、加热和烹调。但是，在热稳定性上也有例外，例如牛乳中的乳清蛋白，经加热后致敏性降低，大豆中的 7S 和 11S 球蛋白受热后也降低了与 IgE 的结合能力。

另外，食品抗原蛋白过敏原的鉴定还可利用其他一些体内和体外的方法。按体内外来分，体内试验包括皮肤反应试验（skin positive test，SPT）和食物激发动物过敏反应模型（Helm 等，2002）。皮肤反应试验是将抗原注入患者真皮，若是致敏原，则抗原与组织中肥大细胞表面相应的 IgE 受体结合，在短时间内，可引起组胺等血管活性物质的释放，使受试部位皮肤产生色斑、红晕反应及瘙痒感。食物激发动物过敏反应模型是目前食品致敏原检测的常用方法，准确度较高。体外试验包括组胺释放试验（histamine releasing test，HRT）、免疫印记反应（Perez 等，2000）和常用的 IgE 检测（Shibasaki 等，1980）。目前常用体外检测方法来判断一种蛋白质是不是致敏原。

1.1.9　大豆抗原蛋白对幼龄动物的过敏反应

对于大豆抗原蛋白诱发幼龄动物过敏反应的报道由来已久，自 20 世纪 30 年代 Duke（1934）首次发现大豆蛋白可引起婴儿腹泻、虚脱和肠道炎症反应以来，人们对大豆蛋白的研究便从未间断，现已从婴幼儿、仔猪和犊牛对大豆蛋白的过敏反应现象逐渐深入到大豆抗原蛋白的致过敏机理研究。随着研究的深入，人们逐渐揭示了大豆抗原蛋白诱发幼龄动物过敏反应的可能途径，即抗原蛋白被机体摄入后，激发机体产生特异性抗体，激发抗体表面的特异性受体，导致肥大细胞和其他炎性细胞释放活性介质和炎性细胞因子，引发机体一系列过敏反应症状，最终导致腹泻，阻滞生长（图 1-6）。

1.1.9.1　大豆抗原蛋白对仔猪的过敏反应

前已述及，自从 Duke（1934）首次注意到婴儿对大豆抗原蛋白产生过敏后，人们对这种过敏反应现象和可能的作用机理进行了长期的探索。不同的日粮抗原所引起过敏反应的程度不同。目前全世界范围内食物抗原已在很大程度上影响到人们的生命健康（Chandra，2002），对食物产生过敏反应的儿童人数已超过 5%，成年人已超过 2%（Eigenmann，2003）。而在所有的食物抗原中，大豆又是其中的一个主要来源（Herman 等，2003）。因此，对大豆抗原的研究已成为科学界关注的焦点之一。在常规的加工工

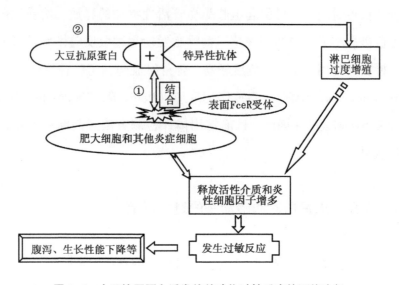

图1-6 大豆抗原蛋白诱发幼龄动物过敏反应的可能途径

Figure 1-6 Possible pathway of soybean antigen proteins to

induce anaphylaxis in young animals

艺处理下，大豆中的许多抗营养因子可被破坏至无害水平，但大豆中致敏因子的活性却基本不受影响。大豆抗原蛋白引起过敏反应的主要成分是 Glycinin 和β-Conglycinin。两者进入动物体内以后主要引起特异性 IgE 介导的Ⅰ型变态反应（速发型）、抗原抗体复合物介导的Ⅲ型变态反应（免疫复合物型）和 T 淋巴细胞介导的Ⅳ型变态反应（迟发型）（陈代文，1994；李德发，2003）。综合以往研究表明，当断奶仔猪采食含大豆蛋白质的日粮后，大部分 Glycinin 和β-Conglycinin 被降解为肽和氨基酸，只有相当小的部分穿过小肠上皮细胞间或上皮细胞内的空隙完整地进入血液和淋巴，刺激肠道免疫组织，产生特异性抗体介导的速发型过敏反应和 T 淋巴细胞介导的迟发型过敏反应，反应的后果及其机制与啮齿动物相似，机体的免疫机能下降，肠道组织发生损伤，最终导致腹泻（图1-7）。

关于断奶仔猪腹泻的原因，历史上先后出现过两种理论。最初认为，病原微生物是引起断奶仔猪腹泻的根本原因。但是，营养学家 Miller 等

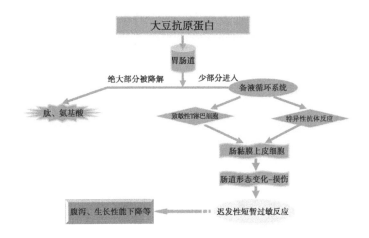

图1-7 大豆抗原蛋白致仔猪过敏的可能机理

Figure 1-7 Possible mechanism of piglet allergy

induced by soybean antigen proteins

（1984）、Stokes 等（1987）以及 Li 等（1990）在随后的研究中发现，仔猪断奶后产生腹泻虽然与病原微生物有着密切关系，但病原微生物并不一定能单独引起这种疾病，况且健康仔猪的胃肠道中本身存在着大量的病原微生物。因此，他们提出了一种新的理论，即断奶仔猪对日粮中抗原的过敏反应引起的肠道损伤是其断奶后产生腹泻的原发性原因，病原微生物在肠道的附着和增殖只不过是腹泻的继发性原因。目前，这一理论已被许多试验所证实。在此理论的指导下，利用改善饲料原料抗营养因子的特性来提高饲料的利用率并促进仔猪的生长与健康也已经在实际生产中发挥了极为重要的作用。

断奶是仔猪面临的最大应激。首先，将仔猪与母猪分开对仔猪来说是一个很大的应激；其次，液体母奶突然变为固体饲料，对仔猪来讲是另一个应激；同时仔猪断奶时也是机体免疫功能比较薄弱的时期。仔猪出生时，血液中几乎没有抗体和免疫球蛋白。食入初乳后 24 h，两者均达到高峰，以后呈对数形式下降（刘欣和冯杰，2005）。断奶时，仔猪从初乳中获得的被动免疫下降很快,而此时主动免疫尚未建立,因此也最易发生过敏反应。断奶后饲喂固体日粮,日粮抗原会导致肠道发生严重的损伤,主要表现为:断奶后前 3 d,绒毛高度急剧下降,6 d 时可降到断奶前的 50%,并持续到断奶后的 12 d(Stokes 等,1987);小肠表现严重的绒毛脱落,肠黏膜淋巴细胞增生和隐窝细胞有丝分裂速度加快;肠上皮细胞刷状缘的双糖酶、蔗糖酶、乳糖酶、异麦芽糖酶、海藻糖酶浓度及活性下降,结果导致水分和电解质吸收不良甚至临床腹泻。因此,目前认为,断奶日粮内抗原成分引起的短暂过敏反应是断奶后仔猪肠道形态学变化的主要原因。

断奶仔猪对大豆蛋白质的过敏反应包括特异性抗体 IgE 介导的速发型过敏反应和 T 淋巴细胞介导的迟发型过敏反应两个方面,它们在肠道功能异常中所起的作用是不一样的:前者刺激肥大细胞释放组胺,引起上皮细胞通透性增加和黏膜水肿,一般为短期效应,不会造成肠道的组织损伤;而后者主要引起肠道形态的变化。Li 等(1990)报道指出,给 7 日龄的仔猪灌服大豆蛋白提取液,每天 6 g,连续 5 d,21 日龄断奶后,喂以含有相应大豆蛋白的断奶日粮,在血清中测出了较高效价的抗 Glycinin 和 β-Conglycinin 的抗体;断奶后第 7 d 测得的绒毛高度显著低于饲喂牛乳的对照组,隐窝深度和绒毛宽度显著低于对照组;电镜对绒毛发育的观察表明,与饲喂牛乳的对照组仔猪相比,饲喂大豆蛋白的仔猪,刷状缘上皮细胞不完整,且有细胞融合的现象。到断奶后第 5 周,上述变化全部消失,肠绒毛结构恢复正常。

Dréau 等(1994)以新生仔猪为试验对象,研究大豆抗原蛋白对致敏仔猪体液和细胞免疫反应的影响。在仔猪初生后第 5~9 d 灌喂大豆抗原物质,每头仔猪每天灌喂 6 g,21 日龄断奶后,仔猪饲喂不含大豆抗原和含大豆抗原的日粮,一周后将仔猪屠宰。结果发现,与采食不含大豆抗原的仔猪相比,饲喂大豆抗原的仔猪腹泻明显增加,绒毛降低 24%~36%;小肠发生炎性反应,黏膜上皮嗜酸性细胞密度增加了 13 倍。这一研究揭示了大豆抗原蛋白过敏反应可导致肠绒毛结构的变化和严重的炎症反应。同时，本试验中利用了皮肤试敏试验来检测大豆抗原蛋白的致敏作用，通过给仔猪皮内注射大豆抗原蛋白提纯物，测定 30 min 后红斑直径和面积，结果表明，注射 Glycinin 的仔猪皮肤试敏反应呈阳性，证明大豆抗原蛋白 Glycinin 是大豆中的主要过敏原。

1.1.9.2 大豆抗原蛋白对犊牛的过敏反应

新生犊牛瘤胃尚未发育，肠道菌群尚未形成，肠道绒毛还未充分发育完全，黏膜屏障功能不完善，机体代谢、营养以及行为等方面均发生巨大改变（Uyeno 等，2010）。新生犊牛被动免疫尚未形成，通过从初乳中摄取抗体获得免疫力。而由初乳转为常乳后，乳中免疫球蛋白含量显著下降，而此时主动免疫尚未建立，日粮中的外源蛋白等抗原物质刺激断奶后幼龄动物尚未完全发育的肠道，诱发肠道损伤，导致其断奶后产生腹泻。与啮齿动物和断奶仔猪相比，大豆蛋白产生的过敏反应对犊牛的影响更加广泛。犊牛采食含大豆蛋白的日粮后，相当数量的 Glycinin 和 β-Conglycinin 以完整的大分子形式被直接吸收进入血液和淋巴循环，产生特异性抗体介导的Ⅰ型过敏反应和淋巴细胞介导的迟发型过敏反应；另一方面，犊牛似乎不对大豆蛋白产生免疫耐受性（郭鹏飞，2007）。

犊牛时期是奶牛机体生长发育的关键时期，是其经历从单胃动物到反刍动物的过渡阶段。此时，瘤胃尚未发育，食物经皱胃进入肠道。因此，肠道是机体接触外来食物抗原的第一道屏障。肠道免疫系统主要由肠道淋巴组织构成。肠道淋巴组织由分布于肠道黏膜的 T 淋巴细胞和 B 淋巴细胞区、派伊尔淋巴集结和肠系膜淋巴结区组成，二者间通过血液和淋巴导管连接。饲料中的外来蛋白抗原物质刺激肠道免疫组织，将产生包括特异性抗原抗体反应和 T 淋巴细胞介导的迟发性过敏反应（He 等，2015），前者刺激肥大细胞释放组胺（Sun 等，2008a），引起上皮细胞通透性增加和黏膜水肿，后者则引起肠道形态变化（Sun 等，2008b）。引起一些与生长有关的炎性细胞因子（如 IL-1β、IL-6、TNF-α 等）水平异常升高，这些细胞因子通过对靶组织的直接作用或通过作用于神经内分泌系统，改变机体的激素水平，直接或间接地影响体内物质代谢，使机体将本应用于生长和骨骼肌沉积的营养物质转而用于激活免疫系统以抵御疾病，因而导致生长缓慢；同时，尚未发育健全的免疫系统对抗肠道中已有病原微生物能力的下降极易诱发犊牛腹泻。研究表明，犊牛采食大豆等植物蛋白质后，消化能力下降，其原因是抗原蛋白质损伤了小肠结构。提高犊牛代乳料中大豆蛋白质的含量，可以在犊牛消化液中定量检测到有免疫活性的蛋白质表观消化率下降（Turkur 等，1993）。犊牛采食大豆蛋白后，犊牛胃的收缩力减弱，而肠道收缩力增强。总的结果是食糜流通时间显著缩短，养分消化率下降，甚至引起腹泻（Sissons 等，1987；孙泽威，2001）。

Lallès 等（1999）发现饲喂大豆蛋白的犊牛生长性能下降，同时血清中 Glycinin 和 β-Conglycinin 抗体滴度升高；进一步的研究证实，犊牛消化道内容物中存在完整的 Glycinin 亚基和 β-Conglycinin。

1.1.9.3 大豆抗原蛋白对鼠的过敏反应

Gizzarelli 等（2006）研究表明，采用小鼠作为动物模型评价转基因大豆蛋白的抗原性，结果发现小鼠血液中特异性 IgE 抗体和 IgG1 抗体显著升高，细胞因子 IL-4、IL-5 等含量升高，诱发小鼠产生了过敏反应。大豆抗原蛋白可以影响成年鼠的脂质代谢，降低血液中胆固醇的含量，但对成年鼠增重无影响（Aoyama 等，2001）。Guo 等（2008）以大鼠为实验动物建立了过敏反应模型，将体内与体外试验相结合，系统研究了 β-Conglycinin 及其 α'亚基对大鼠的致敏作用。结果发现，在灌服 β-Conglycinin 及其 α'亚基后，大鼠的 IgE 和 IgG1 抗体浓度显著升高，肠道中肥大细胞数量增加，肥大细胞脱粒现象明显；肠道组织中组胺的释放率和释放量增加；淋巴细胞过度增殖，CD4⁺T 细胞显著升高，血液和脾脏中的 IL-2、IL-4 和 IL-5 的分泌量增加。在随后的研究中，Guo 等进一步证实了 β-Conglycinin 对大鼠细胞免疫和体液免疫功能的影响。这些免疫反应最终引起小肠炎症及上皮细胞变性坏死，造成免疫功能和组织器官的损伤及消化吸收不良。因此可以初步推断，β-Conglycinin 是诱发大鼠免疫机能紊乱而导致过敏反应发生的。该试验还首次证实了 β-Conglycinin 的 α'亚基在过敏反应中起着重要作用。但也有报道认为 α'亚基几乎没有抗原性。

1.1.10　加工处理对大豆抗原蛋白 Glycinin 活性的影响

前已述及，大豆蛋白以其较高的营养价值和相对便宜的价格，越来越广泛地应用于食品加工和饲料产品中。因此，摸清大豆中的致敏蛋白，并在生产和加工过程中有目的地降低其致敏性是非常有意义的。从抗营养因子的角度讲，热处理法是目前大豆产品加工的最佳方法。然而，大豆中最为主要的两种抗原蛋白 Glycinin 和β-Conglycinin 为热稳定的抗营养因子，直接加热不能被彻底破坏（表 1-3）。Murphy 和 Resurreccion（1984）研究表明，生大豆（36.5% CP）中 Glycinin 和β-Conglycinin 的含量分别为 190 mg/g CP 和67.5 mg/g CP。尽管 Li 等（1990）、Li 等（1991）和 Dréau 等（1994）指出，经过特殊加工工艺处理后的大豆或大豆粕，其中的抗原物质可被破坏。但许多研究表明，普通热处理的大豆产品仍会引起动物（如仔猪）的消化过程异常，包括消化物的运动和肠道黏膜的炎症反应，这种变化是仔猪胃肠道对热处理大豆产品的抗原过敏反应引起的。

相对于β-Conglycinin 而言，Glycinin 的热稳定性较强，因此，破坏速度相对较慢。烘烤大豆中 Glycinin 的含量为 175 mg/g，而β-Conglycinin 仅为 52 mg/g；膨化大豆中的 Glycinin 含量仍然较高。目前，去除生大豆中抗原蛋白的有效方法即为乙醇溶液浸提法。据李德发（2003）报道，经过乙醇浸提获得的大豆浓缩蛋白（soy protein concentrate）中 Glycinin 和β-Conglycinin 的含量分别低于 30 mg/kg 和 5 mg/kg，这种产品被称为传统大豆蛋白浓缩物。低抗原大豆蛋白浓缩物中 Glycinin 和β-Conglycinin 的含量均低于 2 mg/kg（表 1-2）。Dréau 等（1994）研究证明，热乙醇处理能增加大豆抗原对胃蛋白酶及胰蛋白酶的敏感性。谯仕彦等（1995）研究了湿法膨化处理的大豆对仔猪小肠黏膜形态的影响，结果为膨化处理大豆可使仔猪小肠绒毛高度增加，隐窝深度降低，小肠黏膜更新所需的时间延长，进一步揭示了膨化大豆减轻仔猪过敏反应的机理。Li 等（1991）和谯仕彦等（1995）对断奶仔猪的试验发现膨化加工的大豆饼粕能降低血清中抗 Glycinin 和β-Conglycinin IgG 的效价，并能减轻仔猪对大豆蛋白引起的迟发型过敏反应的程度。李德发等（1993）对 25 日龄断奶仔猪的试验表明，膨化加工的熟豆粕能减轻过敏反应造成的肠道损伤程度。

表 1-3　不同大豆产品中 Glycinin 和β-Conglycinin 的含量

Table 1-3　Contents of glycinin and β-conglycinin in soybean products

大豆产品 Soybean products	粗蛋白 Crude protein （CP,%）	大豆球蛋白 Glycinin （mg/g CP）	β-伴大豆球蛋白 β-Conglycinin （mg/g CP）
粗大豆粉 Crude soybean meal	57	269.0	155.0
烘烤大豆粉 Roasted soybean meal	53	39.4	36.1
烘烤大豆粉 Roasted soybean meal	53	26.8	13.4
烘烤大豆粉 Roasted soybean meal	56	0.7	0.00
大豆浓缩蛋白 Soybean protein concentrate	68	20.4	25.50
大豆浓缩蛋白 Soybean protein concentrate	66	32.9	14.70
热处理大豆浓缩蛋白 Heated soybean protein concentrate	68	0.03	0.00
膨化大豆浓缩蛋白 Expanded soybean protein concentrate	69	0.00	0.00
大豆分离蛋白 Soybean protein isolate	77	0.00	0.00
热处理大豆分离蛋白 Heated soybean protein isolate	59	10.5	0.00

注：参考李德发, 2003（Li Defa, 2003）

1.1.11　过敏反应的有效治疗方法

临床上治疗食物或其他过敏反应的传统且有效的方法即为严格控制接触过敏原。对于过敏患者而言，在明确了具体的过敏原后，首先切断过敏原，进而辅以药物治疗。对于食物过敏反应来说，就是避免食入相应的致敏食品抗原。然而，在日常生活中，这一要求很难实现，尤其对于大豆致敏患者来讲，由于目前大豆及其制品在食品工业中的广泛应用，使得严格避免食入大豆产品难以达到。同时，由于食品加工业的发展，许多食品仅凭借其名称和简单的成分标签难以鉴别其真实成分，因此，食物过敏人群的发病率也有逐年增加的趋势。

目前医学上常用的治疗过敏性疾病的方法还停留于抗组胺药物的使用。此类药物多为组胺受体的阻断剂，具有一定的副作用，患者食入后会有嗜睡倾向。随着对致敏作用研究的深入，人们逐渐认清过敏发生的途径和作用方式。IgE 介导的免疫应答是食物过敏的主要效应，为 I 型超敏反应，由 Th2 型 T 淋巴细胞的活化介导体液免疫应答。其具体作用机制是肥大细胞膜特异性受体结合 IgE 抗体，经过抗原的交联作用，激活了肥大细胞，使其脱颗粒，释放出多种类型的活性介质如组胺，产生食物过敏症状（向军俭等，2005）。目前，由于食物过敏患者食入食品抗原后经常表现组胺升高症状，组胺含量已成为诊断食物过敏的重要指标（Crockard 和 Ennis，2001；He 等，2004）。在此基础上，学者们提出了一些较为有效的治疗方法，如抗 IgE 疗法，传统中药疗法，益生素疗法，抗原 DNA 疫苗治疗以及细胞因子疗法等（Nowak-Wegrzyn，2003）。然而，这些方法的安全性还有待于进一步的研究。

再者，可以通过筛选育种（不含或含较少致敏原的品种）以及基因工程的手段消除大豆抗原蛋白的致敏原性。我国中国科学院就筛选到缺失

28K 和 7S 球蛋白 α-亚基的品种。利用"基因敲除"(knock out)的方法，使某个特异基因"沉默"(silence)，使其不起作用，达到去除致敏原的目的。目前，美国科学家成功培育出过敏性低的大豆品种（尹红，2003）。日本京都大学也开发出一种不易引起过敏的低变应原大豆（张可喜，2002）。但是，基因改造食品同样需要复杂的安全性评价过程。

1.1.12 维生素 C 的抗炎抗过敏作用

1.1.12.1 天然抗氧化剂

维生素 C 又称抗坏血酸，是水溶性抗氧化剂，也是血浆中最有效的抗氧化剂，遇空气、热、光、碱性物质、氧化酶及极微量的铜和铁都会加速其氧化破坏（葛颖华和钟晓明，2007）。

作为一种强抗氧化剂，它的最大特性是还原性，通过还原作用消除有害氧自由基的毒性。可以清除单线态氧，还原硫自由基，其氧化作用依靠可逆的脱氢反应来完成。

1.1.12.2 维生素 C 的主要生理功能

维生素 C 是人类和动物不可缺少的微量营养物质，参与了人体和动物体内的多种代谢过程，具有维持正常血脂代谢、心肌功能、中枢神经功能、造血功能以及促进体内多种激素合成等生理作用，是动物生存、生长、发育、繁殖过程中必不可少的营养物质（戴剑等，1997）。

（1）保持巯基作用

机体中许多酶分子的巯基是维持其活性的必需基团，维生素 C 能使酶分子中的巯基保持在还原状态，使酶分子保持一定的活性。在谷胱甘肽还原酶作用下，维生素 C 可使氧化型谷胱甘肽还原为还原型谷胱甘肽。由于后者可与重金属离子结合排除体外，故维生素 C 具有解毒作用。

（2）促进造血功能

铁是人体红细胞内血红蛋白的主要成分，有二价铁和三价铁两种形式。维生素 C 能使肠道难以吸收的三价铁转变为易于吸收的二价铁，促进铁的吸收。

（3）促进胶原蛋白的合成

维生素 C 最重要的生理功能就是促进胶原蛋白的合成。胶原蛋白是细胞间的黏合剂，维生素 C 缺乏时，胶原蛋白等细胞间质的合成发生障碍，会发生创面，溃疡不易愈合；骨骼、牙齿等易于折断或脱落；毛细血管脆性、通透性增大，引起皮下、牙龈、黏膜出血等坏血病症状（丁焱，2002）。

（4）抗炎抗病毒作用

大剂量维生素 C 能增强白细胞的吞噬能力和诱导体内产生干扰素，从而阻止细菌和病毒的繁殖。维生素 C 可以阻止 DNA 和 RNA 噬菌体病毒的复制，其抗菌、抗病毒作用乃是维生素 C 在体内代谢，氧化产生游离基，切断了病毒的核酸使之钝化，影响其繁殖。维生素 C 抑制溶酶体 β-葡萄糖醛酸苷酶，从而抑制细菌的繁殖。此外，维生素 C 还有中和细菌内毒素的作用，促进抗体形成，增加黏膜厚度，从而阻止细菌、病毒对器官的穿透和破坏（王璟，2000）。

1.1.12.3　维生素 C 在饲料工业中的应用

近年来随着科学技术的进步，维生素 C 除可直接服用、注射外，在发达国家已被大量用作食品添加剂和饲料添加剂，维生素 C 的应用大大提高了畜禽养殖业和水产养殖业的经济效益。维生素 C 可以减缓鸡的热应激，提高蛋鸡产蛋率，提高肉鸡的日增重，提高雏鸡的成活率等（戴剑等，1997）。

1.1.12.4　大剂量维生素 C 在临床上的应用

维生素 C 是公认的抗氧化剂，同时也是一种有效的免疫调节剂，有保护微血管，促进伤口愈合，防止坏血病发生等作用。目前临床上，在某些重大疾病如癌症（Enwonwu 和 Meeks，1995；Kapil 等，2003），心脏病（Ling 等，2002）和糖尿病（Evans 等，2003；Anderson 等，2006）的治疗过程中均用到大剂量的维生素 C。例如临床观察发现应用大剂量维生素 C 有助于心源性休克和冠心病的改善（郑峰等，1999）；临床实践表明，维生素 C 是控制和提高抗癌效力的重要因素，癌症患病率与维生素 C 的每天摄入量成反比。癌症患者对维生素 C 的需要量增大，由于维生素 C 从存储库移向肿瘤组织，而导致血液循环和正常组织中的维生素 C 含量下降，不能维持细胞间质的完整性，以抵御癌细胞的浸润性生长（郑峰等，1999）。另有研究表明，维生素 C 具有抗组胺和缓激肽的作用，可直接作用于支气管 β-受体而使支气管扩张，还具有类似和增强皮质激素的作用，可消除烟酰胺嘌呤二核苷酸对皮质激素形成的抑制，使尿中 17-酮类固醇减少。因此，可用维生素 C 治疗风湿热、类风湿关节炎、哮喘、荨麻疹等过敏性疾病（唐倩和曾正渝，2007）。尽管大剂量维生素 C 是治疗危重疾病的重要药物，适时合理应用有助于疾病好转，但其作用机理目前尚未明确。

1.2 研究目的和意义

大豆蛋白质含量高，氨基酸平衡性好，目前已成为人和畜禽优质的植物性蛋白来源（Hancock 等，2000；Friedman 和 Brandon，2001），广泛应用于人类食品工业和动物饲料行业，具有极高的应用价值。然而，生大豆中含有多种抗营养成分，包括胰蛋白酶抑制因子、凝集素、异黄酮、抗原蛋白、抗维生素因子、单宁、皂苷、脲酶、赖丙氨酸、硫葡萄糖苷和生物碱等，在生产实践中缺乏完全有效地去除这些大豆抗营养因子的加工方法。因此，长期以来，大豆中含有的抗营养因子在很大程度上影响了大豆的开发和利用。其中，大豆抗原蛋白是大豆中最主要的抗营养因子之一。

大豆抗原蛋白是指大豆及其制品中含有的一些大分子蛋白质或糖蛋白，可引起人或畜禽产生过敏反应，又称为致过敏因子（刘欣和冯杰，2004）。其中，大豆球蛋白（glycinin）和β-伴大豆球蛋白（β-Conglycinin）是免疫原性最强的大豆蛋白，占大豆籽实蛋白质总量的65%~80%，目前研究证实是大豆中主要的抗原蛋白质，可引起人和畜禽的过敏反应。据报道，生大豆中具有抗原活性的 Glycinin 和 β-Conglycinin 含量分别占大豆总蛋白质含量的10%~20%和1%~2%（李德发，2003）。目前，在欧美等国，大豆已被列为引起食物过敏反应的八大食物过敏源之一（Gizzarelli 等，2006；Zuercher 等，2006），过敏人群常表现为颤抖、咽喉水肿、皮疹和急性哮喘等症状（Moneret-Vautrin 等，2005）。另外，在畜禽生产中，日粮过敏反应的现象也时常发生，在幼龄动物饲料中添加生大豆作为蛋白质来源会导致仔猪、犊牛等的腹泻、肠黏膜细胞增生等一系列不良反应，严重的甚至导致死亡（Li 等，1990；Li 等，1991；Lallès 等，1999）。随着大豆及其制品在人类食品和动物饲料中的广泛应用，由大豆引起的食物过敏现象呈上升趋势。作为大豆籽实中含量最多的蛋白之一，Glycinin 占大豆籽实蛋白质总量的40%左右，具有较强的热稳定性，普通的热处理灭活大豆抗原蛋白免疫原性的能力较小。

尽管人们对大豆抗原蛋白（包括 Glycinin）的免疫生物学特性和致敏反应做了广泛的研究，但许多深层次的重要问题未能解决。已有的研究发现，大豆抗原蛋白主要引起仔猪、犊牛等幼龄动物和婴儿的过敏反应（Duke，1934；Li 等，1990；Li 等，1991；Lallès 等，1999），其表现为：小肠绒毛萎缩、脱落，隐窝细胞增生，血清中大豆抗原特异性抗体滴度升高，进而导致消化吸收障碍、生长受阻和过敏性腹泻的发生。但是，上述有关 Glycinin 抗营养作用的研究报道大多是以生大豆或是 Glycinin 的粗提物为试验材料，不能排除其他抗营养因子的干扰。应用动物致敏模型，从过敏的角度研究大豆抗原蛋白 Glycinin 对动物影响的报道还很少，需要直接的、有力的证据来验证 Glycinin 对动物的过敏作用。而且，目前尚缺乏缓解由食入大豆抗原蛋白尤其是 Glycinin 诱发仔猪过敏反应且无副作用的有效方法，因此，深入研究 Glycinin 的致敏作用机理并寻求一种安全、有效的治疗方法颇具意义。

自 20 世纪 30 年代 Duke（1934）首次发现大豆蛋白可引起婴儿腹泻、虚脱和肠道炎症反应以来，人们对大豆蛋白的研究便从未间断，现已从婴幼儿、仔猪和犊牛对大豆蛋白的过敏反应现象逐渐深入到大豆抗原蛋白的致过敏机理研究。本实验室一直从事大豆抗营养因子的研究，并探讨了乙醇浸提、不同条件的膨化加工对大豆制品品质的影响，结果发现，热处理方式对大豆抗原蛋白的作用非常有限（Li 等，1991；谯仕彦等，1995；谯仕彦和李德发，1996；Li 等，2003a，b；Zhang 等，2003；Tang 等，2006；Zang 等，2006），仍是导致幼龄畜禽致敏的主要因素。因此，为了确切的阐明大豆中抗原蛋白对幼龄畜禽致敏作用的方式和途径，研究小组进行了更深层次的研究，即利用大豆抗原蛋白提纯物作为蛋白来源，单独研究大豆中某一种主要蛋白成分对动物的单独作用，并深入到亚基水平。You 等（2008）用免疫亲和层析、Guo 等（2008）用基因表达的方法分别获得了纯度大于 93% 和 99% 的 β-Conglycinin 及其 α′亚基。这些高纯度样品的成功获得为后续研究奠定了基础。为了探讨大豆抗原蛋白致敏作用的内在机制，Guo 等（2008）以大鼠为实验动物建立了过敏反应模型，将体内与体外试验相结合，系统研究了 β-Conglycinin 及其 α′亚基对大鼠的致敏作用。在以往研究的基础上，则以大豆中含量最多的抗原蛋白 Glycinin 为对象，系统地探讨了其对仔猪的致敏作用，并阐明其作用机理，在此基础上，研究了维生素 C 对 Glycinin 致敏作用的缓解作用，从而为大豆及其制品在仔猪等幼龄动物饲料中的应用，乃至人类食品和动物饲料安全提供理论依据。

1.3　研究内容与方法

1.3.1　研究内容

探讨了大豆抗原蛋白 Glycinin 对仔猪的致敏作用机理及维生素 C 对大豆抗原蛋白 Glycinin 致敏作用的缓解机制。

（1）首先鉴定所得 Glycinin 提纯样品的纯度和免疫原性；

（2）建立仔猪过敏反应模型，研究不同水平纯化的大豆抗原蛋白 Glycinin 对仔猪的致敏作用，确定其有效致敏剂量，阐明过敏反应发生机理；

（3）在证实纯化的大豆抗原蛋白 Glycinin 对仔猪有致敏作用的基础上，进一步研究其诱发仔猪过敏反应的调控机制；

（4）为寻求阻断大豆抗原蛋白 Glycinin 的致敏作用，利用维生素 C 饲喂致敏仔猪，研究其对 Glycinin 致敏作用的缓解机制。

1.3.2 技术路线 (图1-8)

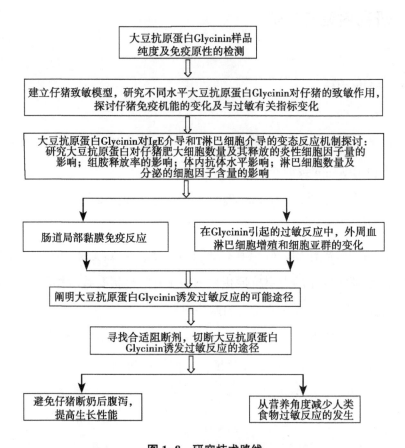

图 1-8 研究技术路线

Figure 1-8 Technique route of the research

2 大豆抗原蛋白 Glycinin 样品纯度及免疫原性的测定

2.1 前 言

大豆中蛋白质含量高且氨基酸平衡性好，是人和动物优质的植物性蛋白源，而其中含有多种抗营养因子限制了大豆及其制品的利用效率。大豆抗原蛋白是大豆中能引起人和动物过敏反应的一些蛋白质。其中，Glycinin 和 β-Conglycinin 是免疫原性最强的大豆蛋白，占大豆籽实蛋白质总量的 65%~80%，是大豆中主要的抗原蛋白质。由于幼龄动物肠道发育不成熟，抗原蛋白穿过小肠上皮细胞间或上皮细胞内的空隙完整地进入血液和淋巴，刺激肠道免疫组织，从而发生一系列的过敏反应（陈代文等，1995；Lallès 等，1999；徐海军和黄利权，2001；徐良梅等，2002）。

前期从事了大豆抗营养因子及抗原蛋白的研究，探讨了乙醇浸提、不同条件的膨化加工对大豆制品品质的影响。结果发现，大豆抗原蛋白是导致幼龄畜禽致敏的主要因素，普通热处理对其破坏作用较小（Li 等，1991；谯仕彦等，1995；谯仕彦和李德发，1996；Li 等，2003a，b；Zhang 等，2003；Tang 等，2006；Zang 等，2006）。多年来，由于受到提取、纯化大豆抗原蛋白的成本高，难度大，以及很难获得足够量的、纯度较高的大豆抗原蛋白用于动物试验等方面的限制，国内外大多数的研究是以生大豆为试验材料研究大豆抗原蛋白的抗营养作用。然而生大豆中还含有其他多种抗营养成分，利用生大豆作为试验样品很难确定单一组分抗营养因子的抗营养作用。迄今为止，应用纯化的单一抗原蛋白组分作为试验材料用于动物试验的报道很少，因此，为进一步比较彻底和客观地揭示大豆抗原蛋白的致敏作用，避免大豆中其他抗营养因子的影响，利用高纯度的大豆抗原蛋白样品就显得尤为重要。

为了确切地阐明大豆中抗原蛋白对幼龄畜禽致敏作用的方式和途径，进行了更深层次的研究，即利用大豆抗原蛋白提纯物作为蛋白来源，单独研究大豆中某一种主要蛋白成分对动物的单独作用，并深入到亚基水平。You 等（2008）用免疫亲和层析、Guo 等（2008）用基因表达的方法分别获得了纯度大于 93% 和 99% 的 β-Conglycinin 及其 α′ 亚基。为了从更深层次探讨大豆抗原蛋白致敏作用的内在机制，Guo 等（2008）以大鼠为实验动物建立了过敏反应模型，将体内与体外试验相结合，系统研究了 β-Conglycinin 及其 α′ 亚基对大鼠的致敏作用。

本部分中 Glycinin 样品提取物悬浊液获赠于中国农业大学食品学院郭顺堂教授（专利号：200410029589.4）。样品经冷冻干燥后，采用凯氏定氮法和聚丙烯酰胺凝胶电泳（SDS-PAGE）方法分析检测样品中 Glycinin 的含量和纯度，为后续试验研究奠定基础。

2.2　材料与方法

2.2.1　大豆抗原蛋白 Glycinin 冻干样品蛋白含量及纯度检测

2.2.1.1　主要仪器

冻干机：Dura-Top™型，美国；

半自动定氮分析仪：Kjeltec™ 2100 型，FOSS 公司，德国；

电泳仪：PowerPac 3000 型，Bio-Rad 公司，美国；

垂直电泳槽：DYY-24A 型，北京六一仪器厂，中国；

凝胶成像分析系统：TFX-20LM 型，Vilber Lourmat 公司，美国；

凝胶成像浓度分析软件系统：GeneTools 分析软件，Syngene 公司，美国；

微量移液器：P1000，P200，P20 型，Gilson 公司，法国。

2.2.1.2　所用试剂

三羟甲基氨基甲烷（tris hydroxymethyl aminomethane，Tris），十二烷基硫酸钠（sodium dodecyl sulfate，SDS），考马斯亮兰 R250，丙烯酰胺，N，N′-亚甲叉丙烯酰胺，β-巯基乙醇（2-ME，北京鼎国试剂公司），冰乙酸，甘氨酸，过硫酸铵，四甲基乙二胺（TEMED），低分子量标准蛋白（Fermentas，Lithuania），甲醇（北京欣经科生物技术有限公司），溴酚蓝（Sigma）。

2.2.1.3　试剂配制

磷酸盐缓冲液：2.6 mmol/L 磷酸二氢钾，32.5 mmol/L 磷酸氢二钾，0.4 mol/L 氯化钠，10 mmol/L β-巯基乙醇，pH 7.6，离子强度为 0.5。

1 mol/L Tris-HCl（pH 6.8）：121.1 g Tris 溶于 800 mL 水，加入浓盐酸

调 pH 值至 6.8，定容至 1 L，灭菌。

1.5 mol/L Tris-HCl（pH 8.8）：181.7 g Tris 溶于 800 mL 水，加入浓盐酸调 pH 值至 8.8，定容至 1 L，灭菌。

10% SDS：10 g SDS 加 80 mL 水，68℃加热，数滴浓盐酸调 pH 值至 7.2，定容至 100 mL。

30%丙烯酰胺溶液：丙烯酰胺 29 g，N,N′-亚甲叉丙烯酰胺 1 g，溶于 100 mL 水。

考马斯亮兰染色液：0.24 g 考马斯亮兰 R250 溶于 90 mL 甲醇：水(1：1，v/v) 和 10 mL 冰乙酸中。

脱色液：10%冰乙酸，5%乙醇，85%水。

蛋白上样缓冲液×2：40 mmol/L Tris-HCl（pH 值 6.8），10%甘油，2% SDS，5%巯基乙醇，0.1%溴酚蓝。

2.2.1.4 凝胶的制备

SDS-聚丙烯酰胺凝胶电泳浓缩胶（5%）的制备：蒸馏水 2.1 mL，30%丙烯酰胺溶液 0.5 mL，1.0 M Tris-HCl（pH 值 6.8）缓冲液 0.38 mL，10% SDS 0.03 mL，10%过硫酸铵 0.3 mL，TEMED 4 μL。

SDS-聚丙烯酰胺凝胶电泳分离胶（12%）的制备：蒸馏水 3.3 mL，30%丙烯酰胺溶液 4.0 mL，Tris-HCl（pH 值 8.8）缓冲液 2.5 mL，10% SDS 0.1 mL，10%过硫酸铵 0.1 mL，TEMED 8 μL。

2.2.1.5 电泳鉴定

蛋白纯度鉴定和分子量测定采用 SDS-PAGE 电泳方法进行，电泳板规格为 125 mm × 100 mm × 1.5 mm，添加 SDS 的分离凝胶浓度为 12%，浓缩胶浓度为 5%。以低分子量标准蛋白为标准进行电泳，电泳条件为恒压 100 V。电泳结束后将凝胶胶体剥下，用考马斯亮兰染色液染色 6 h 以上，脱色观察。

2.2.2　Glycinin 纯品免疫原性的鉴定

抗大豆球蛋白 Glycinin 特异性抗体的制备

（1）试验动物及饲养管理

健康雄性兔子 2 只，购自北京大学实验动物中心。兔子单笼饲养，自由采食、饮水，饲料采用成品兔饲料。

（2）标准血清的制备

①材料与试剂

抗原：大豆球蛋白 Glycinin。

试剂：弗氏完全佐剂，弗氏不完全佐剂，吐温-80。

器材与仪器：GL-88B 旋涡混合器（江苏海门麒麟医用仪器厂），微量移液器，离心机（TGL-20M 型，长沙平凡仪器仪表有限公司）。

②疫苗的制备

首次免疫用油佐剂苗的制备：取等量的抗原加入 8% 吐温-80，与弗氏完全佐剂混合，利用旋涡混合器使其乳化完全即可。

加强免疫用油佐剂苗的制备：制备方法同上，所用佐剂为弗氏不完全佐剂。

③免疫方法

方法参考（赵元，2006）进行。

首次免疫：足内侧上皮消毒后，注射完全佐剂疫苗，选两个位点，每点 0.5 mL。

加强免疫：首免后 14 d，背部随机选取 4 点，消毒后皮下注射加强免疫用油佐剂苗，0.5 mL／点；以后每隔 10 d 加强免疫一次，连续 4 次加强免疫。

静脉注射：最后一次加强免疫后 10 d，在耳上选择清晰的静脉血管，注射肾上腺素 0.1 mL / 只，过 0.5 h 后，再往静脉直接注射提纯的抗原。

待效价达到要求后，对兔子进行前腔静脉采血，血样盛于 50 mL 的离心管中，室温静置 2 h，然后离心（3 000 r/min，10 min），分离血清，−20℃保存备用。

（3）琼脂扩散试验测定抗体效价

称取一定量的琼脂粉，按 1.2% 的比例加入到石炭酸生理盐水中，水浴煮沸融化 20 min。将融化后的琼脂倒入平皿内，厚度约 3~4 mm，自然冷却后放入 4℃保存备用。利用梅花打孔器打孔后，火焰加热以封底，用微量移液器加样于孔中，中央孔为提纯的大豆抗原蛋白 Glycinin，外周孔为各种标准免疫血清，盖平皿盖，倒置于湿盒中，37℃孵育 24~48 h。

2.3 结果与讨论

Glycinin 样品的鉴定

本试验获赠大豆抗原蛋白 Glycinin 样品的纯度 > 85%。经电泳鉴定，提纯的大豆蛋白各亚基分子量与理论值相符，这与 Duranti 等（2004）的研究结果基本一致。但 Glycinin 纯品中也混有少量的 β-伴大豆球蛋白 β-Conglycinin 的亚基成分，这可能由于 Glycinin 亚基和 β-Conglycinin 亚基在分子结构上有一定的同源性，很难完全分离。

本试验获赠的 Glycinin 纯品可导致家兔产生特异性抗体，琼脂扩散试验结果呈现阳性，说明此提纯样品具有免疫原性。

2.4　小　结

本试验获赠的大豆抗原蛋白 Glycinin 样品的纯度 > 85%，较好的去除了大豆中其他抗原成分的干扰，满足后续试验研究所需要求。

3 大豆抗原蛋白 Glycinin 对仔猪致敏机理的研究

3.1 前　言

大豆为人类食品和动物饲料提供了优质的植物性蛋白质和植物油（Hancock 等，2000）。但其中含有的抗原蛋白导致人和动物造成过敏反应也越来越受到人们的关注。大豆抗原蛋白是大豆中能引起人和动物过敏反应的一些蛋白质。其中，大豆球蛋白（Glycinin）和 β-伴大豆球蛋白（β-Conglycinin）是免疫原性最强的大豆蛋白，占大豆籽实蛋白质总量的 65%~80%。

大豆抗原蛋白 Glycinin 作为大豆中具有抗原活性的蛋白质之一，人们对它的免疫生物学特性和致敏反应做了广泛的研究，但许多深层次的重要问题未能解决。已有的研究发现，在幼龄动物饲料中添加生大豆作为蛋白质来源会导致仔猪的腹泻、肠黏膜细胞增生等一系列不良反应，严重的甚至导致死亡（Li 等，1990）。上述有关 Glycinin 抗营养作用的研究大多数是以生大豆或 Glycinin 的粗提物为试验材料，不能排除其他抗营养因子的干扰。虽然目前报道大多都认为 Glycinin 对动物的抗营养作用是先引起过敏反应，进而造成动物一些病理反应，如腹泻、生长抑制、免疫机能障碍等。但是，应用动物致敏模型，从过敏的角度研究大豆抗原蛋白 Glycinin 对动物影响的报道还很少，需要直接的、有力的证据来验证 Glycinin 对动物的致敏作用。因而本试验利用纯化的 Glycinin 作为仔猪饲料的蛋白源饲喂仔猪，建立了仔猪的过敏反应模型，既排除了其他抗营养因子的干扰，也有力的证实了大豆抗原蛋白 Glycinin 是通过过敏途径对动物产生抗营养作用的。

3.2 材料与方法

3.2.1 主要仪器设备

移液枪：P1000，P200，P100，P20，P2.5 型，Gilson 公司，法国；

高速冷冻离心机：TGL-20M 型，长沙平凡仪器仪表有限公司，中国；

匀浆机：PowerGen 700D，Fisher Scientific，美国；

C18 阳离子交换柱（5 μm，4.6 mm×150 mm），Waters 公司，爱尔兰；

Waters 2475 Multi$^\lambda$荧光检测器，Waters 公司，爱尔兰；

Waters™ 600，Waters 公司，爱尔兰；

多功能酶标仪：GENis 型，TECAN 公司，美国；

普通光学显微镜：OLYMPUS，日本。

3.2.2 主要试剂

3.2.2.1 组胺检测所用试剂

70%高氯酸，无水乙酸钠，辛烷磺酸钠（Sigma），乙酸，乙腈，硼酸，氢氧化钾，巯基乙醇，邻苯二甲醛（北京金龙试剂公司），组胺（Sigma）。

3.2.2.2 组织学观察所需试剂

甲苯胺蓝（Sigma），无水乙醇，氯仿，浓盐酸，冰乙酸，藏红 O，二甲苯。

3.2.3 试验动物和日粮

本试验选用 24 头 14 日龄断奶的大白×长白去势公猪，平均体重为 4.98 kg± 0.67 kg。按照体重相近原则随机分为 4 个处理，每个处理 6 个重复，每个重复 1 头猪。分组后饲喂试验半纯合日粮 4 d 后开始试验。试验用玉米—脱脂奶粉—酪蛋白型半纯合日粮参照 NRC（1998）配制，日粮配方和营养成分见表 3-1。

表 3-1 日粮组成及营养水平（以饲喂状态为基础）

Table 3-1 Ingredient composition and nutrient levels of the diets（as-fed basis）

配方组成/Ingredient composition（%）	日粮处理组/Dietary treatment			
	0% Glycinin	2% Glycinin	4% Glycinin	8% Glycinin
玉米 Corn	60.2	61.0	60.9	60.8
脱脂奶粉 Skimmed milk powder	9.5	8.4	8.6	8.6
乳清粉 Whey powder	10.0	10.0	10.0	10.0
酪蛋白 Casein	11.6	9.9	7.7	3.5
大豆球蛋白 Glycinin	0.0	2.0	4.0	8.0
血浆蛋白粉 Spray dried porcine plasma	3.0	3.0	3.0	3.0
鱼粉 Fish meal	3.0	3.0	3.0	3.0
石粉 Limestone	0.5	0.5	0.5	0.5
磷酸氢钙 Calcium phosphate	1.0	1.0	1.0	1.0
食盐 Salt	0.2	0.2	0.2	0.2
预混料 Premix[1]	1.0	1.0	1.0	1.0
L-赖氨酸 L-Lysine	0.0	0.0	0.05	0.2
DL-蛋氨酸 DL-Methionine	0.0	0.0	0.05	0.2
合计 Total	100.00	100.00	100.00	100.00
化学分析（测定值）Chemical analysis（Analyzed value）				

（续表）

配方组成/Ingredient composition（%）	日粮处理组/Dietary treatment			
	0% Glycinin	2% Glycinin	4% Glycinin	8% Glycinin
粗蛋白 Crude protein	22.98	22.96	23.02	23.08
赖氨酸 Lysine	1.65	1.58	1.57	1.57
钙 Calcium	0.92	0.89	0.88	0.86
磷 Phosphorus	0.75	0.72	0.71	0.66
消化能 Digestible energy（Kcal/g）[2]	3.40	3.39	3.40	3.40

注：[1]预混料为每千克日粮提供：维生素 A，10 000 IU；维生素 D_3，1 500 IU；维生素 E，30 IU；维生素 K_3，2.5 mg；维生素 B_1，1.5 mg；维生素 B_2，10 mg；维生素 B_6，10 mg；维生素 B_{12}，0.05 mg；叶酸，1.0 mg；维生素 B_7，0.5 mg；维生素 B_5，30 mg；泛酸，20 mg；铜，20 mg；铁，100 mg；锌，110 mg；锰，40 mg；硒，0.3 mg；碘，0.5 mg；

[2] 计算值；

[1] Premix provided per kilogram of complete diet：vitamin A，10 000 IU；vitamin D_3，1 500 IU；vitamin E，30 IU；vitamin K_3，2.5 mg；vitamin B_1，1.5 mg；vitamin B_2，10 mg；vitamin B_6，10 mg；vitamin B_{12}，0.05 mg；folic acid，1 mg；biotin，0.5 mg；niacin，30 mg；pantothenic acid，20 mg；Cu，20 mg；Fe，100 mg；Zn，110 mg；Mn，40 mg；Se，0.3 mg；I，0.5 mg；

[2] Calculated value

3.2.4 建立仔猪致敏模型

3.2.4.1 致敏

三个试验组仔猪在试验的第 0~10 d 以及 16~18 d 分别饲含有纯化大豆抗原蛋白 2%、4% 和 8% Glycinin 的日粮，对照组饲喂不含 Glycinin 的对照日粮，共两次致敏。

3.2.4.2 激发

各组仔猪在第 25 d 进行皮肤试敏试验。在第 32 d，三个试验组分别饲喂含有 2%、4% 和 8% Glycinin 的日粮进行激发。

3.2.5 饲养管理

本试验在中国农业大学单胃动物代谢室进行。全封闭式猪舍，舍内温度、通风强度、湿度、二氧化碳和氨浓度自动化控制，舍温在试验开始时保持在30℃，然后每周降1.5℃，最终猪舍温度维持在26~28℃，相对湿度为50%~60%，昼夜光照交替时间为12/12 h。屋顶排气扇通风。仔猪单笼（110 cm × 70 cm）饲养，漏缝喷塑地板，不锈钢可调式料槽。所有仔猪自由采食和饮水，并按常规管理程序进行驱虫和免疫。在试验第0、7和10 d清晨空腹称重，计算仔猪生长性能，记录试验全期各组仔猪的腹泻情况。

3.2.6　样品采集

在试验的第32 d，饲喂含Glycinin日粮后3 h，所有仔猪经前腔静脉采血，离心收集血清，用于测定血清中抗体含量。所有仔猪经颈静脉放血屠宰后，剖开腹腔，取出整个胃肠道，取十二指肠、空肠和回肠各段约2 cm，分别放到Carnoy's固定液（60 mL无水乙醇，30 mL氯仿，10 mL冰乙酸）中固定，置于4℃冰箱中保存，用来观察肠道肥大细胞数量。另取各肠段约5 cm，用生理盐水冲洗，立即放入液氮中保存，用于测定肠道组织中组胺含量。

3.2.7　检测指标

3.2.7.1　仔猪皮肤试敏试验

试验第25 d进行皮肤试敏反应试验。在试验前一天剪掉仔猪腹部的毛。试验开始后，各组仔猪分别在腹部皮下注射含有Glycinin纯品的生理盐水溶液，注射剂量为0.5 mg/头，对照组注射等量的生理盐水。在注射30 min后，测量注射部位皮肤上的红斑直径，若其大于5 mm，认为有皮肤过敏反应发生（Dréau等，1994；Helm等，2002）。

3.2.7.2 小肠肥大细胞计数

肥大细胞组织化学染色参照许乐仁等（2002）试验的方法，乙醇脱水，石蜡包埋，以 30 μm 的厚度修切组织块，直至切到完整组织；以 6 μm 的厚度切片，并以甲苯胺蓝染料染色，具体方法见附录 1。显微镜下统计小肠黏膜及黏膜下层中的肥大细胞数量，每张片子选取 10 处黏膜及黏膜下层区域，在 40 倍显微镜下，利用网格测微尺（100 个方格为 0.25 mm²）计数；单位为每平方毫米肥大细胞数。

3.2.8　小肠组织内组胺提取及检测

3.2.8.1 样品制备

准确称取剪碎的小肠组织 0.5 g 于 10 mL 离心管，加入 5 mL 0.6 mol/L 的高氯酸溶液，在匀浆机上，10 000 r/min 冰浴匀浆彻底，然后 4℃，10 000 r/min 离心 10 min，取上清液，0.45 μm 滤膜过滤，利用反相高效液相色谱法测定组胺含量。

3.2.8.2 组胺检测所用试剂配制

组胺标准溶液：称取 10 mg 组胺溶解于 10 mL 甲醇内，配制 1 mg/mL 组胺标准溶液。

组织提取液：准确移取高氯酸（70%）50 mL，用纯水定容至 1 000 mL，摇匀，配成 0.6 mol/L 的高氯酸溶液。

溶液 1：称取无水乙酸钠 16.572 g 和辛烷磺酸钠 2.343 g，溶于约 990 mL 纯水中，用乙酸调 pH 值至 4.50，定容至 1 000 mL，0.45 μm 滤膜过滤，4℃保存。

流动相 A：称取无水乙酸钠 8.286 g 和辛烷磺酸钠 2.343 g，溶于约 990 mL 纯水中，用乙酸调 pH 值至 5.20，定容至 1 000 mL，0.45 μm 滤膜过滤，4℃保存。

流动相 B：溶液 1：乙腈 = 66：34，4℃保存。

柱后衍生液：称取 31 g 硼酸和 26.2 g 氢氧化钾于 990 mL 纯水中，用 30%氢氧化钾溶液调 pH 值 10.5~11.0，再加 3 mL 巯基乙醇，另称 1 g 邻苯二甲醛溶于 2.5 mL 甲醇，一起加入上述溶液定容至 1 000 mL，0.45 μm 滤膜过滤，现用现配。

3.2.8.3　组胺检测色谱条件

色谱柱：C18 阳离子交换柱 （5 μm，4.6 mm×150 mm）；

流动相流速：1 mL/min；

反应液流速：0.5 mL/min；

反应盘管温度：40℃；

Waters 2475 Multi$^\lambda$ 荧光检测器波长：激发波长 340 nm，发射波长 450 nm；

进样量：10 μL；

梯度洗脱程序：见附录 2。

3.2.8.4　组胺检测

（1）组胺标准曲线的制作　用组胺提取液将 1 mg/mL 组胺标准溶液稀释至 10 μg/mL、5 μg/mL、2 μg/mL 和 1 μg/mL。0.45 μm 滤膜过滤，上机检测，Waters^{TM} 600 分析数据，见附录 2。

（2）样品检测　样品上清液经 0.45 μm 滤膜过滤，上机，根据标准曲线计算小肠内组胺含量。

3.2.9　肠道及血清中抗体含量分析

取 0.5 g 小肠样品溶于含有 1.0 mM 蛋白酶抑制剂 （phenylmethanesulfonyl fluoride，PMSF）的磷酸盐缓冲溶液 （phosphate-buffered saline，PBS）中，在匀浆机上，10 000 r/min 冰浴匀浆彻底，然后 4℃，10 000 r/min 离心 10

min，取上清液以测定其中的 IgE 抗体浓度。

肠道匀浆液及血清中总 IgE 测定采用仔猪的 ELISA 试剂盒（RapidBio 公司，美国），测定方法按说明书操作。血清中 Glycinin 特异性 IgG1 采用间接 ELISA 法测定。其主要过程如下，首先用 pH 值 9.6 的碳酸盐缓冲液稀释 Glycinin 包被酶标板，4℃ 包被过夜，再用洗涤液（50 mM Tris，0.14 M NaCl，0.05% 吐温-20，pH 值 8.0）洗涤 5 次，每次 3 min；5% 脱脂奶粉 200 μL/孔封闭，37℃ 湿盒中温育 2 h，洗涤后得包被板；将 100 μL 稀释后的待检血清加入包被板各孔，37℃ 反应 2 h；洗涤后每孔加入 100 μL 辣根过氧化酶（horseradish peroxides，HRP）标记的山羊抗猪 IgG1 抗体（1∶5 000稀释），37℃ 反应 60 min；洗涤后每孔加入新配制的邻苯二胺（o-phenylenediamine-dihydrochloride，OPD）100 μL，37℃ 反应 30 min；最后，每孔加入 100 μL 2M H_2SO_4，终止反应，并用酶联免疫检测仪测定 492 nm 吸光度（optical density，OD）值。

3.2.10　血清中细胞因子含量分析

血清中的 IL-4 和 IL-10 浓度测定采用酶联免疫吸附测定法（enzyme-link immunosorbent assay，ELISA），使用仔猪 ELISA 试剂盒（Biosource 公司，美国）测定。各种细胞因子的检测试剂盒的操作方法相同，其主要操作过程简述如下：首先将 100 μL 待检样品和标准品加入试剂盒中已包被好的反应板各孔，37℃ 反应 1 h；洗涤后每孔加入 100 μL 生物素标记抗体，37℃ 反应 60 min；洗涤后每孔加入辣根过氧化酶（HRP）标记物，37℃ 反应 30 min；洗涤后每孔加入新配制的底物四甲基联苯胺（tetramethylbenzidine，TMB）100 μL，37℃ 反应 30 min；最后，每孔加入 100 μL 2 M 硫酸终止反应，并用酶联免疫检测仪测定 450 nm OD 值。

3.2.11　数据统计分析

腹泻率采用卡方检验进行分析，其他数据采用 SAS 8.2 的 GLM 模型进行分析。P 值小于或等于 0.05 被认为差异显著。

3.3　结果与讨论

3.3.1　致敏阶段生长性能和全期腹泻情况检测

如表 3-2 所示，随着日粮中 Glycinin 含量的增加，仔猪日增重显著降低（P =0.002），料重比显著上升（P = 0.004），而对采食量无影响（P > 0.05）。日粮中添加 4% 和 8% Glycinin 时，断奶后一周内仔猪日增重较对照组分别降低了 16% 和 22%；断奶后 10 天内分别下降了 14% 和 22%。而 2% Glycinin 组与对照组差异不显著。日粮中添加 2%、4% 和 8% Glycinin 可导致仔猪发生不同程度的腹泻。日粮中 Glycinin 量从 2% 增加到 4%，仔猪腹泻率由 14.5% 增加至 15.6%，继续加大 Glycinin 剂量至 8%，腹泻率不再上升。

有关大豆蛋白对幼龄动物生长性能影响的研究很多，前人的研究发现，断奶仔猪日粮中添加豆粕，可引起仔猪生长性能下降（Li 等，1990；Li 等，1991），学者推测，这可能是由于日粮抗原导致仔猪发生短暂性过敏反应造成的。本试验中利用纯化的大豆球蛋白 Glycinin 代替日粮中部分脱脂乳粉和酪蛋白，导致仔猪生长性能的下降，且下降的程度与日粮中 Glycinin 的添加呈剂量依赖关系。生长性能的下降与腹泻的发生有着密不可分的关系。从临床角度讲，腹泻也是大豆过敏患者及其他食物过敏患者的常见症状，目前已成为评定食物过敏程度的标准之一。

表3-2 不同水平 Glycinin 对仔猪致敏期生长性能、全期腹泻率、皮肤试敏反应、小肠内肥大细胞数量和组胺含量、肠道和血清中总 IgE 抗体浓度、血清中 Glycinin 特异性抗体 IgG1 和细胞因子含量的影响[1]

Table 3-2 Effects of different levels of glycinin on performance during the sensitization period, diarrhea incidence throughout the trial, skin prick test, the number of mast cells and histamine content in the small intestine, intestinal and serum total IgE titers, glycinin-specific IgG1 levels and cytokine concentrations in serum of piglets[1]

项目/Items	Glycinin 水平/Glycinin levels				SEM[2]	P 值/P value	
	0%	2%	4%	8%		线性 Linear	二次 Quadratic
生长性能 Performance							
0~7 天 (d)							
平均日增重 Average daily gain (g)	283[a]	264[ab]	237[bc]	222[c]	12.8	0.002	0.877
平均日采食量 Average daily feed intake (g)	327	325	319	304	15.7	0.305	0.675
饲料/增重 F/G	1.16[a]	1.23[ab]	1.34[ab]	1.41[b]	0.06	0.004	0.971
0~10 天 (d)							
平均日增重 Average daily gain (g)	372[a]	339[ab]	320[b]	291[b]	16.1	0.002	0.891
平均日采食量 Average daily feed intake (g)	423	412	396	381	23.7	0.200	0.940
饲料/增重 F/G	1.14[a]	1.22[ab]	1.24[ab]	1.31[b]	0.04	0.004	0.898
腹泻率 Diarrhea incidence (%)	0	14.5	15.6	15.6	—	< 0.05[3]	—
皮下注射 Glycinin 后红斑直径和红斑面积 Erythema diameter (mm) and area (mm²) by intradermal injection of glycinin							
直径 Diameter (mm)	1.9[b]	5.8[a]	6.2[a]	6.7[a]	0.72	0.002	0.043
面积 Area (mm²)	2.8[b]	27.5[a]	31.1[a]	36.1[a]	6.84	0.010	0.190
黏膜层肥大细胞计数 Mast cell numbers in the mucosa (number/mm²)							

（续表）

项目/Items	Glycinin 水平/Glycinin levels				SEM²	P 值/P value	
	0%	2%	4%	8%		线性 Linear	二次 Quadratic
黏膜下层肥大细胞计数 Mast cell numbers in the submucosa (number/mm²)							
十二指肠 Duodenum	12.4[b]	19.6[ab]	22.0[a]	27.4[a]	2.83	0.003	0.747
空肠 Jejunum	20.8[b]	28.7[a]	32.8[a]	33.9[a]	2.65	0.002	0.221
回肠 Ileum	20.0[c]	31.0[b]	39.1[ab]	47.4[a]	3.17	<0.001	0.672
小肠组胺含量 Histamine content in the intestine (μg/g)							
十二指肠 Duodenum	29.2	33.1	38.1	39.3	2.85	0.014	0.638
空肠 Jejunum	33.8[c]	39.3[c]	49.3[b]	62.3[a]	2.97	<0.001	0.223
回肠 Ileum	36.9[b]	51.2[b]	59.4[a]	65.3[a]	4.75	<0.001	0.385
小肠 IgE 浓度 IgE concentration in the intestine (μg/g)							
十二指肠 Duodenum	23.03	21.09	20.15	17.17	2.22	0.087	0.819
空肠 Jejunum	23.43[a]	20.10[ab]	17.76[b]	17.08[b]	1.35	0.004	0.346
回肠 Ileum	20.25[a]	19.97[a]	14.54[b]	10.89[b]	1.53	<0.001	<0.001
血清中总 IgE 浓度 Total serum IgE (ng/mL)	722.56[b]	916.16[ab]	1 090.29[a]	1235.19[a]	106.95	0.004	0.824
Glycinin 特异性 IgG1 水平（OD$_{492}$值）Glycinin-specific IgG1 level (OD$_{492}$ units)	0.34[b]	0.63[ab]	0.78[a]	0.89[a]	0.10	0.001	0.377

（续表）

项目/Items	Glycinin 水平/Glycinin levels				SEM[2]	P 值/P value	
	0%	2%	4%	8%		线性 Linear	二次 Quadratic
血清中细胞因子的浓度 Cytokine concentrations in serum（pg/mL）							
白细胞介素-4 Interleukin-4	26.89[c]	37.63[bc]	50.40[ab]	61.45[a]	4.63	< 0.001	0.973
白细胞介素-10 Interleukin-10	9.05[c]	13.70[bc]	19.14[b]	31.64[a]	1.76	< 0.001	0.056

注：[1] 数据为各组仔猪（平均体重 4.98 ± 0.67 kg）六个重复平均数；

[2] 平均数标准误；

[3] 卡方检验差异显著；

[a,b,c] 肩标字母不同表示差异显著，P < 0.05

[1] Each value is the mean of data from 6 piglets（average initial BW of 4.98 ± 0.67 kg）per group;

[2] Standard error of the mean;

[3] Significantly different by Chi-Square contingency test;

[a,b,c] Mean values with different superscripts are different at P < 0.05

3.3.2 仔猪皮试反应检测

表3-2给出了仔猪皮肤试敏反应红斑直径和红斑面积。由表中数据可知，Glycinin致敏仔猪皮肤试敏反应呈阳性，注射部位红斑直径大于5 mm，与对照组仔猪差异显著。

食物过敏症是儿童期（尤其是婴幼儿期）的常见病，主要以速发型变态反应（Ⅰ型过敏反应）为主。人类速发型变态反应主要由抗原特异性IgE介导，介导皮肤致敏反应。食物致敏原主要通过血清中游离IgE抗体与肥大细胞的FcεRI受体结合，导致肠道中肥大细胞脱颗粒，释放组胺，从而介导小肠炎症及血管失张力表现；同时，血清中的IgG1抗体通过与肥大细胞的FcεRIII受体结合，也可导致肥大细胞脱颗粒，部分参与速发型变态反应对靶器官的损伤作用（李斐，2004）（如图3-1）。

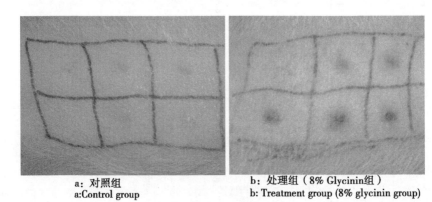

a：对照组
a:Control group

b：处理组（8% Glycinin组）
b: Treatment group (8% glycinin group)

图 3-1　仔猪皮肤试敏试验结果

Figure3-1　Results of skin prick test in piglets

3.3.3　小肠中肥大细胞数量观察

日粮中不同水平 Glycinin 对仔猪小肠各段黏膜层及黏膜下层肥大细胞数量的影响结果见表 3-2。随着日粮中 Glycinin 含量的增加，仔猪肠道内肥大细胞数量显著增加并呈剂量依赖效应（$P < 0.05$）。日粮中添加 8% Glycinin 时，与对照组相比，十二指肠黏膜及黏膜下层肥大细胞数量分别增加 121.0% 和 34.6%，空肠中增加 63.0% 和 84.3%，回肠中增加 137.0% 和 77.0%。

本试验所使用的染色方法为肥大细胞的特异性染色方法。此方法能够显示十二指肠、空肠、食管、胃、肝、胰腺等主要消化器官中肥大细胞，甲苯胺蓝为肥大细胞的特异性染料，藏红 O 作为背景染料。甲苯胺蓝阳性肥大细胞一般呈圆形或卵圆形，胞核着蓝色，胞浆颗粒着紫红色。细胞核一般圆形或卵圆形，多位于细胞中央，常被胞质颗粒所掩盖而不易看到。主要消化管道的肥大细胞：十二指肠、空肠、回肠等消化管道中，多数肥大细胞分布在黏膜固有层内；少部分肥大细胞则分布于黏膜下层结缔组织或浆膜中。甲苯胺蓝染色显示，饲喂 Glycinin 组仔猪小肠各段肥大细胞聚集，数目明显增多（$P < 0.01$），均高于对照组（图 3-2）。

肥大细胞有显著调节胃肠功能的潜力。肥大细胞的增殖和聚集在与胃肠道症状动力相关的变化过程中起重要的作用（de Jonge 等，2002）。肥大细胞的数量增加导致肥大细胞所释放的活性介质的增加，这些活性物质能够调节小肠平滑肌的运动。

肥大细胞广泛分布于皮肤、消化道和呼吸道黏膜固有层、黏膜下结缔组织和多种器官的结缔组织内。肥大细胞的分布使得这些细胞能更容易接触外源物质，从而保证肥大细胞执行其调节、防御和免疫功能（Metcalfe 等，1997）。有大量研究表明，外源细菌感染、寄生虫感染及其他抗原刺激

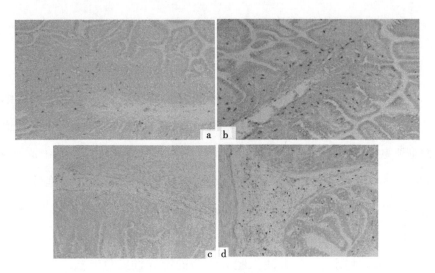

图 3-2　仔猪空肠黏膜及黏膜下层肥大细胞数量观察（×400，OLYMPUS，日本）

Figure 3-2　The observation of mast cells numbers in the mucosa and

submucosa of jejunum in piglets（×400，OLYMPUS，Japan）

注：a，c：对照组；b，d：处理组（8% Glycinin 组）；

　　a，c：Control group；b，d：Treatment group（8% glycinin group）

都能导致小肠内肥大细胞的增多（Ashida 和 Denda，2003）。这与本试验结果相一致，饲喂 Glycinin 组仔猪小肠各段肥大细胞聚集，数目明显增多，进而释放的炎性介质增多，诱发肠道的炎症反应。

3.3.4　过敏仔猪小肠各段中的组胺含量变化

日粮中不同水平 Glycinin 对仔猪小肠内组胺含量的影响结果见表 3-2。饲喂 Glycinin 各组仔猪空肠和回肠组胺的含量与对照组相比显著下降，说明大量组胺已被释放并参与致敏作用。与对照组相比，日粮中添加 2%、4%和 8% Glycinin，仔猪空肠和回肠内组胺含量显著下降（$P < 0.01$）。4%和 8%处理组仔猪空肠和回肠组胺含量显著低于对照组和 2% Glycinin 组，

说明过多分泌的组胺释放入肠腔参与代谢。

组胺是由组胺酸经特异性的组胺酸脱羧酶脱羧而来且具有多种生理功能的胺类物质（Jutel 等，2002；Schneider 等，2002）。目前已经发现 3 种组胺受体：能被传统抗组胺药所阻滞的豚鼠平滑肌上的组胺受体称为 H1 型组胺受体（H1-R）；而不被其阻滞的大鼠子宫和胃泌酸细胞上的组胺受体称为 H2 型组胺受体（H2-R）；以及存在于突触前膜的 H3 型组胺受体（H3-R）。体内肥大细胞释放的组胺通过与靶细胞上相应受体结合而发挥其生物效应，参与调节机体各项生理功能。H1-R 和 H2-R 介导组胺增强猪、豚鼠及人的平滑肌收缩（Schneider 等，2002）。H3-R 作为突触前受体，通过调节神经中枢及外周乙酰胆碱、去甲肾上腺素、5-羟色胺等递质的释放而影响胃肠功能（Arrang 等，1991）。组胺储存于肥大细胞、嗜碱性粒细胞等效应细胞里，是 IgE 介导变态反应时导致组织损伤的重要炎症介质之一（Mayer，2003）。食物过敏时，过敏机体的小肠肥大细胞脱颗粒，释放组胺，介导小肠炎症，其炎症严重程度与肥大细胞组胺释放量密切相关（李斐，2004）。

本试验研究结果表明，饲喂 Glycinin 可以降低组胺在空肠和回肠内的含量，间接表明更多的活性物质被释放进入肠道参与机体的免疫反应，这与前人研究结果一致（van Halteren 等，1997）。组胺在小肠组织内含量一般与肥大细胞数相关联。本试验显示小肠内肥大细胞数量与组胺含量呈相反趋势，即肥大细胞数量大，组胺含量就低，即组胺释放量大，此结果与许多研究相一致（Ou 等，2007）。各饲喂 Glycinin 处理组仔猪小肠肥大细胞增殖并被活化脱颗粒，因而导致组胺释放增多，从而诱发小肠炎症。

3.3.5 过敏仔猪小肠和血清中的抗体水平

表 3-2 结果显示，饲喂 Glycinin 可以显著提高仔猪肠道和血清中总 IgE 含量，与对照组和 2% Glycinin 处理组相比，4% 和 8% Glycinin 组仔猪肠道（$P < 0.05$）和血清中（$P < 0.01$）总 IgE 水平均显著升高。同时，仔猪血清中大豆抗原 Glycinin 特异性抗体 IgG1 水平随着日粮中抗原剂量的增加而上升，其中 4% 和 8% 组仔猪血清中的抗体水平显著高于对照组和 2% 组（$P<0.05$）。

食物过敏反应多有 IgE 介导的 I 型速发型过敏反应发生。大量的研究报道，人和动物由于食物引发的过敏反应中，发生特异性的体液免疫反应，产生大量的 IgE 抗体（Abraham 和 Malaviya，1997；Stenton 等，1998）。此 IgE 抗体迅速与小肠和其他组织中肥大细胞上的高亲和力受体 FcεRI 结合，从而激活肥大细胞，并使之脱颗粒释放活性物质，如组胺、5-羟色胺以及一些细胞因子，导致机体发生超敏反应。因此，体内 IgE 抗体的水平也可以反映肠道和其他组织中肥大细胞的激活情况。以往研究发现，人类和各种动物发生变态反应时产生的抗体略有差别，比如人类速发型变态反应主要由抗原特异性 IgE 介导，但是啮齿类动物和其他动物体内抗原特异性 IgE 和 IgG1 均参与速发型变态反应的病理发生过程。研究表明，大豆提取物可导致过敏婴儿血清中大豆抗原特异性抗体 IgE 和 IgG 水平的升高（Burks 等，1988）。本试验结果表明过敏仔猪血清中 IgE 和 IgG1 抗体水平显著高于对照组，进一步证明大豆抗原蛋白 Glycinin 诱发的超敏反应为 Th2 型免疫反应。

3.3.6 细胞因子含量变化

如表 3-2 所示，饲喂含有大豆抗原蛋白 Glycinin 4% 以上的日粮，仔猪血清中的 IL-4 和 IL-10 等细胞因子浓度显著升高（$P < 0.01$）。此结果说明 Glycinin 诱发仔猪的过敏反应为 Th2 型免疫反应，反应中肥大细胞被激活，脱颗粒释放活性物质，如组胺、白三烯以及一些 Th2 型细胞因子，如 IL-4 和 IL-10 等，这些细胞因子由 2 型辅助性 T 细胞产生，促进体内 IgE 抗体的生成，诱发过敏反应的发生。

3.4 小 结

（1）由 Glycinin 诱发仔猪过敏模型试验发现，Glycinin 可导致过敏仔猪肠道及血清总 IgE 水平升高，血清中 Glycinin 特异性 IgG1 浓度升高，过敏仔猪皮肤试敏反应呈阳性，小肠肥大细胞及组胺释放量增加，产生肠道炎症和过敏性腹泻，最终导致生长性能下降，出现过敏症状。

（2）仔猪饲喂含有 4% Glycinin 日粮足以诱发致敏反应，并出现剂量递增现象，此结果为下一步的试验研究和设计奠定了科学依据。

4 大豆抗原蛋白 Glycinin 对致敏仔猪变态反应调控机制研究

4.1 前　言

长期以来，Glycinin 作为大豆蛋白中主要的抗原物质，能够引起人和动物的过敏反应，因而人们对大豆抗原蛋白 Glycinin 的免疫生物学特性和致敏反应做了广泛的研究。已有的研究发现，大豆抗原蛋白主要引起仔猪、犊牛等幼龄动物和婴儿的过敏反应（Duke，1934；Li 等，1990；Li 等，1991；Lallès 等，1999），其主要表现为：小肠绒毛萎缩、脱落，隐窝细胞增生；血清中大豆抗原特异性抗体滴度升高；导致消化道的免疫损伤，引起腹泻（Miller 等，1984；孙泽威，2001；詹冬玲，2002），但其致敏作用的内在机制却不甚清楚，因此，对大豆抗原蛋白质的致敏机理的研究是必要和迫切的。

过敏反应（anaphylaxis）、超敏反应（hypersensitivity reaction）和变态反应（allergy）几个词的含义相似，均指机体受到同一抗原物质再次刺激后产生的一种异常或病理性免疫反应。过敏反应的本质是机体对某些抗原物质的特异性免疫应答。当抗原初次进入体内，通过免疫反应，刺激机体产生相应的抗体。当抗原再次进入机体内，抗原与抗体结合形成抗原抗体复合物，导致组织细胞损伤，肥大细胞释放组胺等物质，引起生理功能紊乱。过敏反应产生的机制主要涉及两个方面的因素：①抗原物质的刺激；②机体的反应性（何静仁，2003）。

大量的研究证实，在由食物抗原引起的人和动物病理性免疫反应中，速发型变态反应发病率较高。速发型变态反应主要由 IgE 介导，通过肥大细胞、嗜碱性粒细胞等释放组胺等炎性介质而引起肠道症状，主要以腹泻、呕吐等血管失张力表现为主，持续时间较短，对肠道的器质性损伤并不严重，随幼龄动物免疫系统发育成熟可自行缓解。但是，多数食物蛋白导致的小肠炎性疾病、营养不良及发育迟滞的过敏反应都是非 IgE 依赖的（李斐，2004）。

食物抗原导致的过敏反应既有特异性抗原抗体间的速发型过敏反应，又有由特异性 T 淋巴细胞介导的迟发型过敏反应。第 3 章内容证实 Glycinin 引起仔猪过敏反应的发生，主要为 IgE 介导的速发型变态反应症状，而 Helm 等（2002）报导，由花生抗原诱发仔猪过敏反应时，过敏仔猪肠道黏膜炎性损伤严重，说明在过敏反应中存在细胞介导的迟发型过敏反应。迟发型过敏反应和速发型过敏反应对动物产生的过敏性损伤机制不同，其病理生理症状也不同。细胞介导的迟发型过敏反应在胃肠道的最显著特征是引起肠道组织损伤，而 IgE 介导的速发型过敏反应主要表现为肠道对水和电解质吸收不良。生物机体在正常情况下，Th1 型与 Th2 型免疫反应处于平衡，Th1 型细胞因子和 Th2 型细胞因子均有分泌。而在速发型过敏反应中 Th2 型免疫反应占优势，过敏机体内 Th2 型细胞因子分泌过剩；而 Th1 型免疫反应受到抑制。研究表明，过敏反应中 Th2 型免疫反应的优势作用是相对的，即在过敏机体中，Th1 与 Th2 型免疫反应同时被激发，两类细胞因子的分泌量均有增加（de Jonge 等，2007）。当反复发生的食物过敏导致小肠黏膜出现淋巴细胞浸润，发生以细胞免疫亢进为特征的迟发型变态反应时，食物过敏对免疫系统的危害更为持久，是导致肠道疾病的危险因素。

本试验以仔猪为受试动物，通过建立大豆抗原蛋白 Glycinin 诱发仔猪过敏反应的动物模型，体内和体外试验相结合，观察机体在致敏状态下体液免疫和细胞免疫反应，从整体动物水平进一步探讨大豆抗原蛋白 Glycinin 的致敏机理。

4.2 材料与方法

4.2.1 主要仪器设备

移液枪：P1000，P200，P100，P20，P2.5 型，Gilson 公司，法国；

高速冷冻离心机：TGL-20M 型，长沙平凡仪器仪表有限公司，中国；

96 孔酶标板：BioFil，加拿大；

倒置显微镜：OLYMPUS，日本；

多功能酶标仪：GENis 型，TECAN 公司，美国；

普通光学显微镜：OLYMPUS，日本；

流式细胞仪：Beckman Coulter Corp.，美国；

其他仪器设备与第 2 章和第 3 章相同。

4.2.2 主要试剂

RPMI-1640 完全培养基：Hyclone，美国；

犊牛血清：北京鼎国试剂公司；

仔猪细胞因子的 ELISA 试剂盒：BioSource International Inc.，美国；

淋巴细胞分离液（Ficoll）：北京天来试剂公司（进口分装）；

四甲基偶氮唑盐（3-（4，5-dimethlthiazol-2-yl）-2，5-diphenyltetrazolium bromide，MTT)：上海生物工程公司；

小鼠抗猪－CD4 IgG2b（FITC－荧光标记）和小鼠抗猪－CD8α IgG2a
(PE－荧光标记)：Southern Biotechnology Associates，Inc.，美国。

4.2.3　试验日粮和试验设计

本试验选取 24 头 18 日龄断奶的大白 × 长白去势公猪，平均体重
4.98 kg± 0.67 kg，试验设计和日粮配方同第 3 章。

4.2.4　建立仔猪致敏模型

建立仔猪过敏反应模型的方法与第 3 章相同。3 个试验组仔猪在试验
的第0～10 d 以及 16～18 d 分别饲喂含有 2%，4% 和 8% 的纯化大豆抗原蛋
白 Glycinin 日粮，对照组饲喂不含 Glycinin 的对照日粮，共两次致敏。各组
仔猪在第 25 d 进行皮肤试敏试验。在第 32 d，3 个试验组分别饲喂含有
2%、4% 和 8% Glycinin 的日粮进行激发。

4.2.5　饲养管理

本试验在中国农业大学单胃动物代谢室进行。全封闭式猪舍，舍内温
度、通风强度、湿度、二氧化碳和氨浓度自动化控制，舍温在试验开始时
保持在30℃，然后每周降 1.5℃，最终猪舍温度维持在 26～28℃，相对湿
度为50%～60%，昼夜光照交替时间为 12 h/12 h。屋顶排气扇通风。仔猪
单笼（110 cm × 70 cm）饲养，漏缝喷塑地板，不锈钢可调式料槽。所有
仔猪自由采食和饮水，并按常规管理程序进行驱虫和免疫。在试验开始和
结束时各称重一次，以计算仔猪生长性能。

4.2.6 样品采集

试验进行 32 d，在最后一次激发后 3 h，所有仔猪采集抗凝血后经颈静脉放血致死。仔猪处死后，立即沿腹部剖开，取出整个胃肠道，在空肠中段取样约 10 cm，用生理盐水冲洗后迅速放入液氮中冷冻。

4.2.7 外周血淋巴细胞增殖及淋巴细胞亚群的测定

外周血淋巴细胞增殖测定参照赖长华（2004）所用方法，详见附录 3。CD4$^+$ 与 CD8$^+$ 淋巴细胞亚群含量在北京市西苑医院采用流式细胞仪（Beckman Coulter Corp.，美国）测定。其中，小鼠抗猪 – CD4 IgG2b 为 FITC-荧光标记（Southern Biotechnology Associates，Inc.，Birmingham，AL，美国），小鼠抗猪-CD8α IgG2a 为 PE-荧光标记（Southern Biotechnology Associates，Inc.，Birmingham，AL，美国）。

4.2.8 空肠黏膜中免疫球蛋白和细胞因子的检测

称取 0.5 g 肠黏膜样品，溶于含有 1 mM 蛋白酶抑制剂 PMSF 的磷酸盐缓冲溶液中（pH 值 7.4），将样品超声破碎 20 s，在 4℃下 10 000 r/min 离心 10 min，吸取上清液用于免疫球蛋白和细胞因子的分析。IL-4 和 IL-6 采用猪的 ELISA 试剂盒（Biosource 公司，美国）测定；黏膜中免疫球蛋白 IgA、IgG、IgM 均采用猪的 ELISA 试剂盒（Bethyl Laboratories，Inc.，美国）测定。

4.2.9 统计分析

采用 SAS 8.2 统计分析软件的 GLM 模型进行分析，剂量间是否存在剂量关系采用多重线性比较。P 值小于或等于 0.05 被认为差异显著。

4.3 结 果

4.3.1 生长性能

日粮中不同水平 Glycinin 对仔猪生长性能的影响结果见表 4-1。随着日粮中 Glycinin 含量的增加，仔猪日增重显著降低（$P = 0.028$），料重比显著上升（$P = 0.032$），而对采食量无影响（$P = 0.579$）。与对照组相比，日粮中添加 4% 和 8% Glycinin 时，仔猪日增重分别降低了 10% 和 13%，而 2% Glycinin 组与对照组差异不显著。

表 4-1 不同水平 Glycinin 对仔猪生长性能的影响[1]

Table 4-1 Effects of different levels of glycinin on the performance of piglets[1]

项目/Items	Glycinin 水平/Glycinin levels				SEM[2]	P 值/P value	
	0%	2%	4%	8%		线性 Linear	二次 Quadratic
平均日增重 Average daily gain（g）	256	242	230	223	10.3	0.028	0.747
平均日采食量 Average daily feed intake（g）	390	382	377	371	24.3	0.579	0.946

（续表）

项目/Items	Glycinin 水平/Glycinin levels				SEM[2]	P 值/P value	
	0%	2%	4%	8%		线性 Linear	二次 Quadratic
饲料/增重 F/G	1.52	1.57	1.63	1.66	0.05	0.032	0.783

注：[1]数据为各组仔猪［平均体重（4.98 ± 0.67）kg］6 个重复平均数；

[2]平均数标准误

[1] Each value is the mean of data from 6 piglets［average initial BW of（4.98 ± 0.67）kg］per group.

[2] Standard error of the mean.

4.3.2 外周血淋巴细胞增殖和血液中 CD4[+]和 CD8[+]含量的变化

从表 4-2 可以看出，与对照组和 2%处理组相比，随着日粮中大豆抗原蛋白 Glycinin 水平（4%和 8%）的增加，仔猪外周血单核淋巴细胞显著增殖（$P < 0.01$），血液细胞培养液中 CD4[+]淋巴细胞的百分数显著升高（$P < 0.01$），而 CD8[+]淋巴细胞的百分数没有显著变化（$P = 0.086$），这导致 CD4[+]/CD8[+]的比值显著升高（$P < 0.01$）。

表 4-2 不同水平 Glycinin 对仔猪外周血淋巴细胞增殖及淋巴细胞亚群的影响[1]

Table 4-2 Effects of different levels of glycinin on peripheral blood lymphocyte proliferation and CD4[+] and CD8[+] subsets of piglets[1]

项目/Items	Glycinin 水平/Glycinin levels				SEM[2]	P 值/P value	
	0%	2%	4%	8%		线性 Linear	二次 Quadratic
淋巴细胞增殖 Lymphocyte proliferation	1.14	1.25	1.31	1.42	0.05	< 0.001	0.963
CD4[+]和 CD8[+]淋巴细胞亚群 CD4[+] and CD8[+] lymphocyte subsets							
CD4[+]淋巴细胞亚群 CD4[+] lymphocyte subset	27.16	29.49	38.25	40.31	0.98	< 0.001	0.888

（续表）

项目/Items	Glycinin 水平/Glycinin levels				SEM[2]	P 值/P value	
	0%	2%	4%	8%		线性 Linear	二次 Quadratic
CD8[+]淋巴细胞亚群 CD8[+] lymphocyte subset	26.46	27.63	28.25	28.82	0.96	0.086	0.754
CD4[+]/CD8[+]	1.03	1.07	1.36	1.40	0.02	< 0.001	0.954

注：[1]数据为各组仔猪（平均体重 4.98 ± 0.67 kg）6 个重复平均数；

[2]平均数标准误

[1] Each value is the mean of data from 6 piglets (average initial BW of 4.98 ± 0.67 kg) per group.

[2] Standard error of the mean.

4.3.3　空肠黏膜抗体水平的变化

为了进一步研究大豆抗原蛋白 Glycinin 对过敏仔猪肠道黏膜免疫的影响，测定了仔猪空肠黏膜中 IgA、IgG、IgM 含量。结果表明，日粮中大豆抗原蛋白 Glycinin 含量的增加对仔猪空肠黏膜中 IgG（$P = 0.085$）和 IgM（$P = 0.499$）浓度无影响，而黏膜中的 IgA 含量随 Glycinin 含量的增加而显著升高（$P < 0.01$）；日粮中 Glycinin 含量超过 4% 可显著提高仔猪空肠黏膜中 IgA 的浓度（见表 4-3）。

表 4-3　不同水平 Glycinin 对仔猪空肠黏膜抗体 IgA、IgG 和 IgM 浓度的影响[1]

Table 4-3　Effects of different levels of glycinin on concentrations of IgA, IgG and IgM in the jejunum mucosa of piglets[1]

项目/Items	Glycinin 水平/Glycinin levels				SEM[2]	P 值/P value	
	0%	2%	4%	8%		线性 Linear	二次 Quadratic
IgA（μg/g）	96.85	114.41	136.67	144.01	11.48	0.005	0.661
IgG（μg/g）	62.43	66.58	76.64	80.76	12.03	0.085	0.658

（续表）

项目/Items	Glycinin 水平/Glycinin levels				SEM[2]	P 值/P value	
	0%	2%	4%	8%		线性 Linear	二次 Quadratic
IgM（μg/g）	151.12	156.86	171.83	172.22	25.45	0.499	0.917

注：[1]数据为各组仔猪（平均体重 4.98 ± 0.67 kg）6 个重复平均数；

[2]平均数标准误

[1] Each value is the mean of data from 6 piglets (average initial BW of 4.98 ± 0.67 kg) per group.

[2] Standard error of the mean.

4.3.4 空肠黏膜细胞因子含量的变化

如表 4-4 所示，日粮中含有高剂量的大豆抗原蛋白 Glycinin，空肠黏膜中的 IL-4 和 IL-6 等细胞因子浓度显著升高（$P < 0.01$）。此现象符合过敏反应中 Th2 型免疫反应优势规律。

表 4-4 不同水平 Glycinin 对仔猪空肠黏膜细胞因子含量的影响[1]

Table 4-4 Effects of different levels of glycinin on cytokines in the jejunum mucosa of piglets[1]

项目/Items	Glycinin 水平/Glycinin levels				SEM[2]	P 值/P value	
	0%	2%	4%	8%		线性 Linear	二次 Quadratic
白介素-4 Interleukin-4（pg/g）	19.10	25.59	42.29	50.69	5.72	< 0.001	0.870
白介素-6 Interleukin-6（pg/g）	24.32	34.04	47.92	64.64	5.96	< 0.001	0.565

注：[1]数据为各组仔猪［平均体重（4.98 ± 0.67）kg］6 个重复平均数；

[2]平均数标准误

[1] Each value is the mean of data from 6 piglets (average initial BW of 4.98 ± 0.67 kg) per group.

[2] Standard error of the mean.

4.4　讨　论

本试验利用大豆抗原蛋白 Glycinin 诱发仔猪的过敏反应模型，研究了大豆抗原蛋白对过敏仔猪的局部和系统免疫反应的影响。大豆致敏是与人类健康有关的重要问题，多发生在幼龄时期，因此引起了全世界的广泛关注（Herian 等，1993）。在畜牧生产中，由大豆中的抗原蛋白 Glycinin 引起的幼龄畜禽生长抑制也日益为人们所重视。长期以来，人们对大豆抗原蛋白对动物生产性能和免疫机能的影响做了广泛的研究。其中，对大豆蛋白质中的两种重要组成成分 β-Conglycinin 和 Glycinin 作为过敏原引起婴儿和幼龄动物过敏反应进行了大量研究（Duke，1934；Li 等，1990；Li 等，1991）。日粮中高剂量的大豆蛋白可以抑制幼龄动物生长、破坏肠道的完整、损伤动物免疫机能等（Li 等，1990；Guo 等，2007；Guo 等，2008）。而迄今为止，动物因采食含有大豆抗原蛋白的日粮而引起过敏反应的机制还不是十分清楚。此外，以往的研究主要以大豆粕或大豆蛋白粗提物为试验原料，不能避免大豆中其他抗营养因子的干扰，很难确定是大豆中哪种抗营养成分在起作用。本试验应用纯化的大豆抗原蛋白 Glycinin 作为试验原料饲喂仔猪，建立过敏反应模型，检测其对仔猪生长性能及一些与过敏反应有关的免疫指标，验证 Glycinin 的致敏原性及其可能的机制。

Li 等（1991）和 Qiao 等（2003）报道，日粮中高浓度的大豆抗原蛋白（Glycinin 为主要的有效成分）可以破坏仔猪肠道的完整性和免疫机能，引起小肠绒毛高度降低，隐窝深度增加，血清中大豆抗原特异性抗体水平升高，从而抑制仔猪的生长。Dréau 等（1994）研究表明，仔猪采食含有大豆抗原蛋白的日粮可导致小肠上皮细胞增生，从而抑制其生长。本试验结果同样表明，当日粮中 Glycinin 剂量达到4%以上时，大豆抗原蛋白 Glycinin 对仔猪的生长就开始有抑制作用。

随着对食物过敏发病机制认识的不断深入，大量研究发现食物过敏的发病不仅与机体 Th1/Th2 细胞反应失衡、Th2 细胞反应亢进有关，而且与肠道对食物蛋白的局部黏膜免疫应答有关（李斐和黎海芪，2006）。IgA 抗体是肠道黏膜分泌量最大的抗体，对于肠道黏膜具有特殊而重要的保护作用。IgA 反应可阻止一些潜在的食物致敏原侵入肠黏膜，并减轻由病原菌引起的炎症，从而缓解过敏症状（Woof 和 Kerr，2004）。本试验中饲喂Glycinin 日粮组仔猪空肠黏膜中 IgA 水平显著高于对照组，与 Kokkonen 等（2002）研究结果一致。

与 IgA 抗体不同，各组仔猪空肠黏膜中 IgM 水平无差异，此结果与Dréau 等（1994）报道结果一致。IgG 是动物自然感染和人工主动免疫后，机体所产生的主要抗体，它是人和动物血清中含量最高的免疫球蛋白，在机体防御中发挥抗感染、中和毒素及调理作用，但在黏膜免疫中并不发挥很重要的作用。本试验的研究结果显示，仔猪采食含有大豆抗原蛋白 Glycinin 日粮后空肠黏膜中 IgG 的浓度也无显著差异。

CD4[+]和 CD8[+]作为辅助因子，是参与主要组织相容性复合体（major histocompatibility complex，MHC）限制的 T 细胞活化的辅助分子，可促进 T 细胞与抗原递呈细胞（APCs）或细胞毒性 T 细胞（CTLs）的相互作用。CD4[+]具有辅助性 T 细胞（T_H）功能，基于细胞因子表达的不同，CD4[+]淋巴细胞可以再分为 Th1 细胞和 Th2 细胞。Th1 细胞分泌的细胞因子如 IL-2和 IFN-γ 可协助 T 细胞增殖和启动细胞介导的免疫反应。另外，Th1 细胞分泌的细胞因子如 IFN-γ 能引导 CD4[+] T 细胞分化为 Th1 细胞而抑制分化为Th2 细胞，缓解炎症反应。同样，Th2 细胞分泌的细胞因子，如 IL-4 和IL-6能诱导 CD4[+] T 细胞分化为 Th2 细胞而抑制其分化为 Th1 细胞（Fiorentino 等，1989；Fiorentino 等，1991）。所以研究由 Th1 或者 Th2 分泌的细胞因子的含量对于反映机体临床病理和免疫状况很有意义（Abbas 等，

1996）。CD4$^+$具有辅助性 T 细胞（T$_H$）功能，而 CD8$^+$具有抑制 T 细胞
（T$_S$）和细胞毒性 T 细胞（T$_C$/CTL）的效应，具有重要的免疫防御作用，
可以防止由 Th1 和 Th2 类 CD4$^+$淋巴细胞启动的免疫介导的黏膜损伤（Jones
等，2002）。CD4$^+$和 CD8$^+$的比值是一重要的评估机体免疫状态的依据，其
比例高表明机体免疫机能处于较强的激活状态，反之则表明免疫系统处于
正常或较弱状态，比例过高或过低都暗示免疫系统功能紊乱。本试验中，
在饲喂 Glycinin 剂量为 4%和 8%的试验组，仔猪血液中 CD4$^+$淋巴细胞的百
分数升高的同时，CD8$^+$淋巴细胞无明显变化，这导致 CD4$^+$/CD8$^+$的比值较
对照组显著升高。结合其他病理症状表明，仔猪在过敏状态下，机体的免
疫系统处于紊乱状态，导致对抗原蛋白的防御功能降低。

而且，随着对速发型变态反应研究的逐渐深入，现在普遍认为 Th1/
Th2 细胞失衡、Th2 细胞反应亢进是 IgE 介导的速发型变态反应发生的主要
因素。对于机体而言，Th2 细胞优势反应能力能促进速发型变态反应发生。
速发型变态反应中 T 细胞增殖活跃、凋亡延迟现象造成效应性 T 细胞数量
增多，为 Th2 细胞功能异常增高奠定了物质基础。IL-4 和 IL-6 是 Th2 细
胞的代表性细胞因子，以正反馈方式促进 Th2 细胞进一步分化，在介导速
发型变态反应中起重要作用。另有研究表明，IL-4 基因敲除小鼠肠道不能
分泌 IgA 抗体（Vajdy 等，1995），说明 IL-4 参与介导包括 IgA 在内的抗体
反应。与这些报道一致，本试验的结果表明，饲喂高剂量的 Glycinin 导致
过敏仔猪肠道分泌高浓度 IL-4 并与肠道高水平 IgA 反应活动密切相关，此
现象可能为反馈性保护机制。当食物抗原尚未成为机体的耐受抗原而介导
食物过敏时，高 IgA 反应既有利于机体清除有害抗原（Saarinen 等，
2002），同时也是口服耐受尚未完全建立的表现。而 IL-6 在无体外刺激的
情况下，加至派尔氏集合淋巴结 B 细胞中，可引起 IgA 分泌的显著增加，
而对 IgM 或 IgG 影响甚微（Beagley 等，1989）。研究表明，IL-6 在诱导
sIgA$^+$ B 细胞最终分化为 IgA 浆细胞中起重要作用（Beagley 等，1989；

Ramsay 等，1994）。IL-6 和其他细胞因子对于 B 细胞的最终分化，浆细胞继续高速率分泌 IgA 抗体可能是必需的（Beagley 等，1989）。在本试验中，日粮中 Glycinin 剂量的升高显著提高了仔猪空肠黏膜中 IL-6 的浓度。

4.5 小 结

（1）应用本试验建立的仔猪过敏反应模型，饲喂高剂量纯化的 Glycinin 时，降低了仔猪的日增重，证实了大豆抗原蛋白 Glycinin 具有引起仔猪过敏反应，抑制生长性能的作用。

（2）饲喂 Glycinin 显著提高了仔猪空肠黏膜中的 IgA 水平，导致仔猪黏膜免疫功能亢进，是口服耐受尚未完全建立的表现，因而诱发仔猪发生速发型过敏反应。

（3）饲喂 Glycinin 显著提高了仔猪外周血淋巴细胞增殖率和淋巴细胞亚群 CD4$^+$细胞数量，淋巴细胞的过度增殖、分化及其分泌的炎性介质增多，导致仔猪细胞免疫功能显著亢进，从而诱发仔猪发生迟发型过敏反应。

5 维生素 C 缓解大豆抗原蛋白 Glycinin 对仔猪的致敏反应研究

5.1 前 言

近年来，大量的研究报道，大豆抗原蛋白可以引起幼龄动物的过敏反应（Li 等，1990；Li 等，1991；Guo 等，2008）。本书第 3 章和第 4 章已经证实，大豆蛋白的主要成分 Glycinin 是一种有过敏原性的蛋白质，可诱发仔猪发生过敏反应。

据报道，在发达国家，大豆连同鸡蛋、花生、牛奶、坚果、鱼、甲壳水生动物和小麦等食品被认为是引发食物过敏反应的八大主要来源（Zuercher 等，2006），5%~6% 的儿童和 2%~4% 的成年人对这些过敏原表现出临床症状（Sampson，2004），且食物过敏的发生率有逐年升高的趋势。由于食物过敏是与人类和畜禽健康密切相关的问题，因此也日益受到学者们的重视。

目前，临床上预防和治疗食物过敏反应的最有效方法便是严格切断过敏原。但是在实际生活中，这种状态很难达到。这是因为：第一，导致患者发生食物过敏反应的过敏原难以确定；第二，多数食物过敏原之间存在共性，对某种抗原过敏的人或畜禽往往会对另外一些有相似结构的抗原蛋白同样敏感。由于目前大豆制品在人类食品工业和畜禽饲料工业的广泛应用，大豆抗原过敏患者试图严格避免抗原的接触则更为困难。

随着对致敏机理研究的不断深入，目前对于食物诱发的过敏反应机理已逐渐明确。此类反应多数是由 IgE 所介导的速发型变态反应（Zuercher 等，2006）。这类富于破坏性的独特的过敏反应常常引起颤抖、咽喉水肿和急性哮喘等症状（Moneret-Vautrin 等，2005）。在畜禽生产中，日粮过敏反应的现象也时常发生，并导致畜禽消化不良、生长性能下降和腹泻等。

对于食物过敏的治疗除了切断过敏原外，目前临床上较为常用的药物主要是抗组胺类药物。患者用药后往往会有困倦感，产生嗜睡症状。尽管一些新型治疗方法已经问世，如抗 IgE 疗法，利用益生素或注射疫苗等，但其安全性和副作用还需要进行试验验证，目前尚未应用于临床（Nowak-Wegrzyn，2003）。因此，一些免疫调节剂引起了人们的关注。

维生素 C 是公认的抗氧化剂，同时也是一种有效的免疫调节剂，有保护微血管、促进伤口愈合、防止坏血病发生等作用。目前临床上，在某些重大疾病如癌症（Enwonwu 和 Meeks，1995；Kapil 等，2003）、心脏病（Ling 等，2002）和糖尿病（Evans 等，2003；Anderson 等，2006）的治疗过程中均用到大剂量的维生素 C。例如临床观察发现应用大剂量维生素 C 有助于心源性休克和冠心病的改善（郑峰等，1999）；临床实践表明，维生素 C 的量是控制和提高抗癌效力的重要因素，癌症患病率与维生素 C 的每天摄入量成反比。癌症患者对维生素 C 的需要量增大，由于维生素 C 从存储库移向肿瘤组织，而导致血液循环和正常组织中的维生素 C 含量下降，不能维持细胞间质的完整性，以抵御癌细胞的浸润性生长（郑峰等，1999）。另有研究表明，维生素 C 具有抗组胺和缓激肽的作用，可直接作用于支气管 β-受体而使支气管扩张，还具有类似和增强皮质激素的作用，可消除烟酰胺嘌呤二核苷酸对皮质激素形成的抑制，使尿中 17–酮类固醇减少。因此，可用维生素 C 治疗风湿热、类风湿关节炎、哮喘、荨麻疹等过敏性疾病（唐倩和曾正渝，2007）。尽管大剂量维生素 C 是治疗危重疾病的重要药物，适时合理应用有助于疾病好转，但其作用机理目前尚未明确。

　　本试验在前两个试验的基础上，给大豆抗原蛋白 Glycinin 致敏仔猪饲喂大剂量维生素 C，检测其对仔猪致敏作用的影响，目的是寻求抑制大豆抗原蛋白 Glycinin 致敏作用的有效方法，并深入探讨其作用机理。

5.2　材料与方法

5.2.1　主要仪器设备

移液枪：P1000，P200，P100，P20，P2.5 型，Gilson 公司，法国；

高速冷冻离心机：TGL-20M 型，长沙平凡仪器仪表有限公司，中国；

匀浆机：PowerGen 700D，Fisher Scientific，美国；

C18 阳离子交换柱（5 μm，4.6 × 150 mm），Waters 公司，爱尔兰；

Waters 2475 Multi$^\lambda$ 荧光检测器，Waters 公司，爱尔兰；

Waters™ 600，Waters 公司，爱尔兰；

多功能酶标仪：GENis 型，TECAN 公司，美国；

普通光学显微镜：OLYMPUS，日本。

96 孔酶标板：BioFil，加拿大；

倒置显微镜：OLYMPUS，日本。

5.2.2 主要试剂

5.2.2.1 组胺检测所用试剂

70%高氯酸，无水乙酸钠，辛烷磺酸钠（Sigma），乙酸，乙腈，硼酸，氢氧化钾，巯基乙醇，邻苯二甲醛（北京金龙试剂公司），组胺（Sigma）。

5.2.2.2 组织学观察所需试剂

甲苯胺蓝（Sigma），无水乙醇，氯仿，浓盐酸，冰乙酸，藏红 O，二甲苯。

5.2.3 试验日粮和试验设计

本试验选取 18 头 10 日龄断奶的大白 × 长白去势公猪，体重 4.36 kg± 0.29 kg，按照体重相近原则随机分为 3 个处理，每个处理 6 个重复，每个重复 1 头猪。玉米—脱脂奶粉—酪蛋白基础日粮参照 NRC（1998）配制，对照组日粮不含任何大豆成分，而以脱脂奶粉、鱼粉、乳清粉、酪蛋白和血浆蛋白粉为蛋白来源；试验组日粮组成与对照组相似，但以 4% Glycinin 代替相应的酪蛋白。日粮配方和营养成分见表 5-1。

表 5-1 日粮组成及营养水平（以饲喂状态为基础）

Table 5-1 Ingredient composition and nutrient levels of the diets（as-fed basis）

配方组成 Ingredient composition（%）	日粮处理组 Dietary treatment	
	对照日粮 Controldiet	激发日粮 Challengediet
玉米 Corn	58.8	58.8
脱脂奶粉 Skimmed milk powder	9.5	9.5
乳清粉 Whey powder	10.0	10.0

（续表）

配方组成 Ingredient composition（%）	日粮处理组 Dietary treatment	
	对照日粮 Controldiet	激发日粮 Challengediet
酪蛋白 Casein	8.0	4.0
大豆球蛋白 Soybean glycinin	0.0	4.0
血浆蛋白粉 Spray dried porcine plasma	5.0	5.0
鱼粉 Fish meal	6.0	6.0
石粉 Limestone	0.5	0.5
磷酸氢钙 Calcium phosphate	1.0	1.0
食盐 Salt	0.2	0.2
预混料 Premix[1]	1.0	1.0
合计 Total	100.00	100.00
化学分析（测定值）Chemical analysis（Analyzed value）		
粗蛋白 Crude protein（%）	22.87	22.91
赖氨酸 Lysine（%）	1.67	1.57
钙 Calcium（%）	1.06	1.03
磷 Phosphorus（%）	0.80	0.76
消化能 Digestible energy（Kcal/g）[2]	3.44	3.45

注：[1]预混料为每千克日粮提供：维生素 A，10 000 IU；维生素 D_3，1 500 IU；维生素 E，30 IU；维生素 K_3，2.5 mg；维生素 B_1，1.5 mg；维生素 B_2，10 mg；维生素 B_6，10 mg；维生素 B_{12}，0.05 mg；叶酸，1.0 mg；维生素 B_7，0.5 mg；维生素 B_5，30 mg；泛酸，20 mg；铜，20 mg；铁，100 mg；锌，110 mg；锰，40 mg；硒，0.3 mg；碘，0.5 mg。

[2]计算值。

[1] Premix provided per kilogram of complete diet: vitamin A, 10 000 IU; vitamin D_3, 1 500 IU; vitamin E, 30 IU; vitamin K_3, 2.5 mg; vitamin B_1, 1.5 mg; vitamin B_2, 10 mg; vitamin B_6, 10 mg; vitamin B_{12}, 0.05 mg; folic acid, 1 mg; biotin, 0.5 mg; niacin, 30 mg; pantothenic acid, 20 mg; Cu, 20 mg; Fe, 100 mg; Zn, 110 mg; Mn, 40 mg; Se, 0.3 mg; I, 0.5 mg。

[2] Calculated value

5.2.4 建立仔猪致敏模型

5.2.4.1 致敏

试验组仔猪（第2、第3组）分别在试验第1~3 d、10 d和17 d腹膜内注射大豆抗原蛋白 Glycinin 纯品1.0 mg进行致敏，对照组（第1组）注射等剂量的 PBS。

5.2.4.2 激发

在试验第24和38 d试验组（第2、第3组）仔猪改喂含有大豆抗原蛋白 Glycinin 4%的试验日粮进行激发，对照组仔猪饲喂不含大豆成分的对照日粮。第2组仔猪从试验开始前一天口服1.0 g维生素 C，直至试验结束。

5.2.5 饲养管理

本试验在中国农业大学单胃动物代谢室进行。全封闭式猪舍，舍内温度、通风强度、湿度、二氧化碳和氨浓度自动化控制，舍温在试验开始时保持在30℃，然后每周降1.5℃，最终猪舍温度维持在26~28℃，相对湿度为50%~60%，昼夜光照交替时间为12 h/12 h。屋顶排气扇通风。仔猪单笼（110 cm × 70 cm）饲养，漏缝喷塑地板，不锈钢可调式料槽。所有仔猪自由采食和饮水，并按常规管理程序进行驱虫和免疫。在试验开始和结束时清晨空腹称重，计算仔猪生长性能，记录试验全期各组仔猪的腹泻情况。

5.2.6 样品采集

试验进行的第10 d、24 d和38 d，所有仔猪前腔静脉采血，收集血清

保存于 -80℃。在试验第 38 d，饲喂含 Glycinin 日粮激发后 3 h，所有仔猪经颈静脉放血屠宰后，沿腹部切开，取出整个胃肠道，分别在十二指肠、空肠和回肠的中段取样，每段约 5 cm，用生理盐水冲洗后迅速放入液氮中冷冻，用于检测肠道内组胺含量。无菌取脾，置于 Hank's 盐平衡溶液中，用于制备脾脏淋巴细胞悬液。对照组仔猪另需无菌取一段空肠，置于 Hank's 盐平衡溶液中，用于测定空肠中肥大细胞组胺释放率。

5.2.7　IgE 含量分析

血清中总 IgE 测定采用仔猪的 ELISA 试剂盒（RapidBio 公司，美国），测定方法按说明书操作。血清中 Glycinin 特异性 IgE 采用间接 ELISA 法测定。其主要过程如下，首先用 pH 值 9.6 碳酸盐缓冲液稀释 Glycinin 包被酶标板，4℃包被过夜，再用洗涤液（50 mM Tris，0.14 M NaCl，0.05% 吐温-20，pH 值 8.0）洗涤 5 次，每次 3 min；5% 脱脂奶粉 200 μL/孔封闭，37℃ 湿盒中温育 2 h，洗涤后得包被板；将 100 μL 待检血清加入包被板各孔，37℃ 反应 2 h；洗涤后每孔加入 100 μL 生物素化抗猪 IgE 抗体（1∶1 000 稀释），37℃ 反应 2 h；洗涤后每孔加入 100 μL 辣根过氧化酶（HRP）标记物（1∶2 000 稀释），37℃ 反应 60 min；洗涤后每孔加入新配制的 TMB 100 μL，37℃ 反应 20 min；最后，每孔加入 100 μL 2 M H_2SO_4，终止反应，并用酶联免疫检测仪测定 450 nm OD 值。

5.2.8　空肠肥大细胞组胺释放率的测定

无菌取对照组仔猪空肠，参照 He 等（1998）的方法分离培养空肠肥大细胞，在肥大细胞纯培养液中加入各组仔猪血清，培养 2 h 后向培养液中加入 Glycinin 纯品（终浓度为 100 μg/mL）激发肥大细胞，继续培养

1 h。将细胞培养板置于冰上终止反应。分别测定培养上清液和沉淀中的组胺含量。培养上清液中的组胺含量利用反向高效液相色谱法直接测定，细胞沉淀经过高氯酸处理后匀浆破碎细胞，经 400 rpm 4℃离心 5 min，用同样方法测定上清液中组胺含量。肥大细胞组胺释放率按下式计算：组胺释放率（%）=［细胞培养上清液中组胺/（上清液中组胺 + 细胞沉淀中组胺）］× 100。

5.2.9　肠道组胺含量变化

5.2.9.1　样品制备

准确称取剪碎的小肠组织 0.5 g 于 10 mL 离心管，加入 5 mL 0.6 mol/L 的高氯酸溶液，在匀浆机上，10 000 rpm 冰浴匀浆彻底，然后 4℃，10 000 rpm 离心 10 min，取上清液，0.45 μm 滤膜过滤，利用反相高效液相色谱法测定组胺含量。

5.2.9.2　组胺检测所用试剂配制

组胺标准溶液：称取 10 mg 组胺溶解于 10 mL 甲醇内，配制 1 mg/mL 组胺标准溶液。

组织提取液：准确移取高氯酸（70%）50 mL，用纯水定容至 1 000 mL，摇匀，配成 0.6 mol/L 的高氯酸溶液。

溶液 1：称取无水乙酸钠 16.572 g 和辛烷磺酸钠 2.343 g，溶于约 990 mL 纯水中，用乙酸调 pH 值至 4.50，定容至 1 000 mL，0.45 μm 滤膜过滤，4℃保存。

流动相 A：称取无水乙酸钠 8.286 g 和辛烷磺酸钠 2.343 g，溶于约 990 mL 纯水中，用乙酸调 pH 值至 5.20，定容至 1 000 mL，0.45 μm 滤膜过滤，4℃保存。

流动相 B：溶液 1：乙腈 = 66：34，4℃保存。

柱后衍生液：称取 31 g 硼酸和 26.2 g 氢氧化钾于 990 mL 纯水中，用 30% KOH 溶液调 pH 值 10.5~11.0，再加 3 mL 巯基乙醇，另称 1 g 邻苯二甲醛溶于 2.5 mL 甲醇，一起加入上述溶液定容至 1 000 mL，0.45 μm 滤膜过滤，现用现配。

5.2.9.3 组胺检测色谱条件

色谱柱：C18 阳离子交换柱（5 μm，4.6 mm×150 mm）；

流动相流速：1 mL/min；

反应液流速：0.5 mL/min；

反应盘管温度：40℃；

Waters 2475 Multi$^{\lambda}$ 荧光检测器波长：激发波长 340 nm，发射波长 450 nm；

进样量：10 μL；

梯度洗脱程序：见附录 2。

5.2.9.4 组胺检测

（1）组胺标准曲线的制作　用组胺提取液将 1 mg/mL 组胺标准溶液稀释至 10 μg/mL、5 μg/mL、2 μg/mL 和 1 μg/mL。0.45 μm 滤膜过滤，上机检测，Waters™ 600 分析数据，见附录 2。

（2）样品检测　样品上清液经 0.45 μm 滤膜过滤，上机，根据标准曲线计算小肠内组胺含量。

5.2.10 脾细胞培养液的制备

无菌取脾，置于 80 目不锈钢网中，剪碎后轻轻捻磨，使分散的细胞滤过金属网进入无菌平皿中。用 200 目的钢筛过滤，用 Hank's 盐平衡溶液清洗两遍，再用红细胞裂解液去除红细胞，用 3~5 倍体积无 Ca^{2+}、Mg^{2+} 的 Hank's 液洗 3 次，每次 2 000 r/min 离心 10 min。然后将细胞悬浮于 RPMI-

1640 完全培养液，调整细胞浓度为 2×10^6 个细胞/mL，加入等体积 100 μg/mL Glycinin，在 37℃，置于 5% CO_2 中培养 72 h。分别以 PBS 溶液和刀豆蛋白 A（concanavalin A，Con A）作为阴性对照和阳性对照组。收集细胞培养上清液以测定其中的细胞因子浓度。

5.2.11　细胞因子含量分析

测定脾细胞培养上清中 IL-4 和 IFN-γ 等细胞因子浓度，采用酶联免疫吸附测定法（enzyme - link immunosorbent assay，ELISA），使用仔猪 ELISA 试剂盒（Biosource 公司，美国）测定。各种细胞因子的检测试剂盒的操作方法相同，其主要操作过程简述如下，首先将 100 μL 待检样品和标准品加入试剂盒中已包被好的反应板各孔，37℃反应 2 h；洗涤后每孔加入 100 μL 生物素标记抗体，37℃反应 60 min；洗涤后每孔加入 HRP 试剂，37℃反应 30 min；洗涤后每孔加入新配制的底物四甲基联苯胺（tetramethylbenzidine，TMB）100 μL，37℃反应 20 min；最后，每孔加入 100 μL 2 M H_2SO_4 终止反应，并用酶联免疫检测仪测定 450 nm OD 值。

5.2.12　统计分析

仔猪腹泻率采用卡方检验分析。其他数据采用 SAS 8.2 统计分析软件进行单因子方差分析，若差异显著，进一步作邓肯氏多重比较；剂量间是否存在线性关系采用多重线性比较。P 值小于或等于 0.05 被认为差异显著。

5.3　结　果

5.3.1　生长性能和腹泻情况

如表 5-2 所示，与对照组相比，大豆抗原蛋白 Glycinin 致敏仔猪日增重显著降低（$P < 0.05$），料重比显著上升（$P < 0.01$），而采食量无影响（$P > 0.05$）。仔猪每日食入 1.0 g 维生素 C 有利于提高仔猪生长性能，与对照组差异不显著。大豆抗原蛋白 Glycinin 可导致仔猪发生腹泻，大豆抗原激发组仔猪腹泻率显著高于对照组（$P < 0.05$），饲喂维生素 C 可有效缓解这一症状。

5.3.2　血清总 IgE 和大豆抗原蛋白 Glycinin 特异性 IgE 水平

由图 5-1 可以看出，饲喂 Glycinin 处理组仔猪血清中总 IgE 水平和 Glycinin 特异性 IgE 水平在第 24 d 有所升高，在第 38 d 显著高于对照组（$P < 0.05$）。而与抗原阳性处理组相比，每日饲喂 1.0 g 维生素 C 可显著降低仔猪第 24 d 和 38 d 血清中总 IgE 水平和大豆抗原特异性 IgE 水平（$P < 0.05$）。

5.3.3　脾细胞培养上清液中细胞因子含量

为检测口服饲喂维生素 C 对仔猪体内 Th1/Th2 细胞因子水平的影响，测定了仔猪脾细胞培养上清液中 IL-4 和 IFN-γ 的浓度。结果表明，Glycinin 致敏仔猪脾细胞培养上清液中 IL-4 浓度显著高于对照组（$P <$

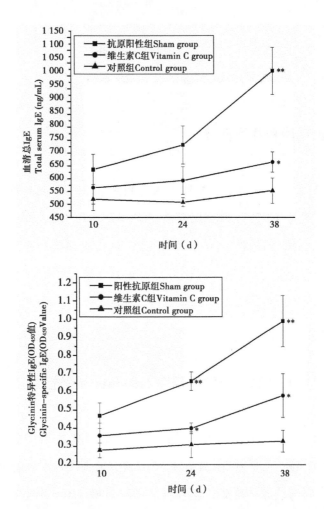

图5-1 仔猪血清中总 IgE (A) 和大豆抗原蛋白 Glycinin 特异性 IgE (B) 水平

Figure5-1　Total serum IgE (A) and glycinin-specific IgE

(B) levels in the serum of piglets

注: * 与对照组差异显著, $P < 0.05$; ** 与对照组差异极显著, $P < 0.01$; # 与阳性抗原组差异显著, $P < 0.05$

* $P < 0.05$ vs. control group; ** $P < 0.01$ vs. control group; # $P < 0.05$ vs. sham group.

0.05), 而 IFN-γ 的浓度显著低于对照组 ($P < 0.05$), 说明大豆抗原蛋白 Glycinin 诱发过敏仔猪发生 Th2 型免疫反应为主的过敏反应。饲喂 1.0 g 维生素 C 可显著扭转这一趋势 (表5-2)。

表 5-2 维生素 C 对 Glycinin 致敏仔猪及对照仔猪生长性能、腹泻率、脾细胞培养上清液中细胞因子浓度、小肠内组胺含量及组胺释放率的影响[1]

Table 5-2 Effects of vitamin C on weight gain and diarrhea, cytokine concentrations in cultured splenocyte supernatant, histamine content in the small intestine, and histamine release ratio in glycinin sensitized and control piglets[1]

项目 Items	阴性对照组 Control group	1.0 g 维生素 C 组 1.0 g vitamin C group	阳性抗原组 Sham group	SEM[2]	P 值 P value
平均日增重 Average daily gain (g)	249[a]	229[ab]	180[b]	16.41	0.04
平均日采食量 Average daily feed intake (g)	323	306	264	22.85	0.21
饲料/增重 F/G	1.30[b]	1.34[b]	1.47[a]	0.03	< 0.01
腹泻率 Occurrence of diarrhea (%)	0	0	17.6	—	<0.05[3]
脾细胞培养上清液中细胞因子浓度 Cytokine concentrations in cultured splenocyte supernatant (pg/mL)					
干扰素-γ Interferon-γ	312.7[a]	296.8[a]	191.2[b]	29.93	0.04
白介素-4 Interleukin-4	31.1[b]	34.0[b]	69.0[a]	8.32	0.02
小肠组胺含量 Histamine contents in the small intestine (μg/g)					
十二指肠 Duodenum	20.3	17.4	12.3	2.66	0.25
空肠 Jejunum	23.0[a]	21.4[ab]	14.8[c]	1.80	0.02
回肠 Ileum	17.8[a]	17.6[a]	11.7[b]	1.21	<0.01
组胺释放率 Histamine release ratio (%)	32.6[b]	40.9[b]	63.1[a]	4.53	<0.01

注:[1] 各组数值为各处理 6 头仔猪的平均值(仔猪平均体重为 4.36 kg± 0.29 kg);

[2] 平均数标准误差;

[3] 卡方检验差异显著;

[a,b,c] 肩标上的字母不同表示差异显著,$P < 0.05$

[1] Each value is the mean of data from 6 piglets (average initial BW of 4.36 ± 0.29 kg) per group.

[2] Standard error of the mean.

[3] Significantly different by Chi-Square contingency test.

[a,b,c] Mean values with different superscripts are different at $P < 0.05$.

5.3.4 空肠肥大细胞组胺释放率

大豆抗原蛋白 Glycinin 阳性处理组组胺释放率为 63.1%，显著高于对照组的释放率 32.6%（$P < 0.01$）。饲喂维生素 C 可有效降低仔猪空肠肥大细胞组胺释放率，与抗原阳性处理组组间差异极显著（$P < 0.01$）（表5-2）。

5.3.5 肠道组胺含量的变化

由表 5-2 可以看出，大豆抗原蛋白 Glycinin 激发组仔猪空肠和回肠中组胺的浓度显著低于对照组（$P < 0.05$），说明过量的组胺已被释放入肠腔发挥作用。与抗原阳性组相比，饲喂 Glycinin 组仔猪空肠和回肠组胺含量显著升高（$P < 0.05$），说明维生素 C 有利于缓解组胺的释放。

5.4 讨 论

近些年来，人们对大豆中主要的贮存蛋白质 7S β-Conglycinin 和 11S Glycinin 作为致敏原引起人和动物过敏反应做了大量研究，其过敏症状主要表现为哮喘、皮肤炎症反应、胃肠道损伤等（Herman，2005）。由于仔猪在消化生理及免疫反应方面与人类存在极大的相似性，目前已成为生物医学研究领域研究人类疾病发生机理的一种重要的动物模型（Helm 等，2002）。迄今为止，已有诸多学者利用仔猪作为动物模型研究大豆抗原蛋白的致敏作用，前面第 3 章和第 4 章的结果证实，在没有其他大豆成分参与下，纯化的 Glycinin 能诱发仔猪的过敏反应。为寻求有效抑制此种反应的方法并研究其缓解机制，本试验研究了维生素 C 对大豆抗原蛋白 Glycinin 致敏仔猪的缓解作用。

前述试验已经证实，大豆抗原蛋白 Glycinin 引起的过敏反应机理与大多数食物过敏原相同，都是由抗原特异性 IgE 调节的，并表现速发型过敏反应特征，IgE 在这类过敏反应中起重要作用（Ladics 等，2003）。发生过敏反应时，个体特异性的体液免疫机能被激发，产生大量的 IgE 抗体（Abraham 和 Malaviya，1997；Stenton 等，1998）。这些抗体迅速与胃肠道表面肥大细胞上高亲合力的 IgE 受体结合，释放组胺等炎性因子，导致过敏反应发生（Cordle，2004）。本试验也得出了相似结果，即随着 IgE 抗体水平的升高，肥大细胞的组胺释放率和肠道中组胺的释放量显著升高。

本试验中 Glycinin 致敏仔猪同样发生了严重的过敏反应，导致仔猪生长性能下降和过敏性腹泻。而且，过敏仔猪血清中总 IgE 抗体和大豆抗原蛋白 Glycinin 特异性 IgE 抗体显著升高，空肠肥大细胞的组胺释放率增加，说明本试验成功建立了大豆抗原蛋白 Glycinin 对仔猪的致敏反应模型。

如前所述，治疗过敏反应的传统方法除了严格控制抗原的摄入外，多使用抗组胺药物，此类药物存在一定的副作用，多使过敏患者产生困倦感（Thornhill 和 Kelly，2000）。与普通的抗过敏药物相比，维生素 C 具有不可替代的优势：首先维生素 C 是维持人类健康的必需的营养素，缺乏维生素 C 可导致坏血病（Padayatty 等，2003）；由于过量维生素 C 可经尿液排出体外，因此大量使用维生素 C 的副作用相对较小（Holmes 和 Alexander，1942）。另外，作为一种强抗氧化剂，它可以保护机体免遭自由基的侵害（Iqbal 等，2004）。

近年来有研究表明，维生素 C 具有抗炎作用，可用于哮喘的辅助治疗（Hatch，1995）。而且，服用维生素 C 有利于降低血中的组胺水平（Clemetson，1980；Johnston 等，1992）。本试验的结果表明，口服维生素 C 可以抑制过敏仔猪血清中 IgE 抗体的产生，同时抑制体外培养的小肠肥大细胞的活性，从而减少过敏仔猪体内组胺的释放。

组胺在肠道中发挥着重要的病理和生理功能，被认为是肠道中的细胞信使（Rangachari，1992）。人和动物在受到抗原刺激后，胃肠道释放的组胺升高。组胺水平的升高被广泛认为是肥大细胞脱颗粒的重要表征（He 等，2004）。当发生食物过敏反应时，组胺和其他炎性因子的释放起着重要的作用。因此，通过测定组胺的释放及含量比简单测定 IgE 水平更能说明机体的过敏程度。Brandt 等（2003）研究报道，肥大细胞和组胺是过敏性腹泻发生的重要因素。与此报道相一致，本试验发现，饲喂 Glycinin 日粮组仔猪有腹泻发生。

通过检测仔猪脾细胞培养上清液中细胞因子的含量变化，我们发现，与抗原阳性组相比，饲喂维生素 C 组仔猪脾细胞培养上清液中 IFN-γ 含量显著升高，而 IL-4 含量显著下降，说明维生素 C 是通过调节体内 Th1/Th2 免疫反应来缓解致敏作用的，这与 Noh 等（2005）的报道一致，他们发现在小鼠 T 细胞活化期间使用大剂量外源维生素 C 可使小鼠的免疫向 Th1 型反应转变。

5.5　小　结

（1）口服维生素 C 可降低过敏仔猪血清中 IgE 抗体水平，抑制肠道组胺的释放，减少仔猪过敏性腹泻，促进仔猪生长，缓解大豆抗原蛋白 Glycinin 对仔猪的致敏作用。

（2）口服维生素 C 可使过敏机体内 Th1 型细胞因子 IFN-γ 的含量升高，而使体内 Th2 型细胞因子 IL-4 的含量降低，从而使体内的 Th1/Th2 型免疫反应趋于平衡，最终缓解仔猪的过敏反应症状。

6　维生素 C 对大豆抗原蛋白 Glycinin 致敏仔猪抗氧化性能的影响

6.1　前　言

近年来，大量的研究报道，大豆抗原蛋白可以引起幼龄动物的过敏反应（Li 等，1990；Li 等，1991；Guo 等，2008）。本书第 3 章和第 4 章已经证实，大豆蛋白的主要成分 Glycinin 是一种有过敏原性的蛋白质，可诱发仔猪发生过敏反应。

机体在有氧情况下，细胞呼吸产生能量以维持细胞需要，同时产生自由基（Prasad，2014）。通常情况下，机体产生的自由基由机体自身的抗氧化防御系统进行中和，以维持正常的氧化还原状态。当自由基的产生量超过机体清除自由基的能力时，导致自由基大量产生，则发生氧化应激，引发机体多种代谢疾病（Gong and Xiao，2016）。仔猪时期由于胃肠道发育不完全，来自营养和环境的因素极易引发仔猪产生氧化应激。因此，补充抗氧化剂尤为必要。

维生素 C 又称抗坏血酸，是公认的抗氧化维生素，可有效清除 O_2^-、H_2O_2、$OH \cdot$ 等自由基（田晓华等，1996）。且体内许多重要的生物合成过程也需要维生素 C 参与。由于大多数哺乳动物都可以依靠肝脏合成维生素 C，因此并不存在缺乏的问题；但是人类和灵长类等少数动物却不能自身合成，必须通过食物或药物等摄取。流行病学研究表明，适当增加维生素 C 摄入量可降低肿瘤、慢性退行性疾病发生率（薛美兰等，2008）。本书第 5 章已经证实，大剂量维生素 C 可以有效降低过敏仔猪血清中 IgE 抗体水平，抑制肠道组胺的释放，从而使体内的 Th1/Th2 型免疫反应趋于平衡，缓解大豆抗原蛋白 Glycinin 对仔猪的致敏作用。

本章研究在第 5 章的基础上，考虑到维生素 C 是有效的抗氧化剂，因此检测同样给大豆抗原蛋白 Glycinin 致敏仔猪饲喂大剂量维生素 C 的情况下，其对致敏仔猪血清中维生素 C 含量及抗氧化性能的影响。

6.2 材料与方法

6.2.1 主要仪器设备

移液枪：P1000，P200，P100，P20，P2.5 型，Gilson 公司，法国；

高速冷冻离心机：TGL-20M 型，长沙平凡仪器仪表有限公司，中国；

多功能酶标仪：GENis 型，TECAN 公司，美国。

6.2.2 主要试剂

血清总抗氧化能力（T-AOC）、SOD 及 MDA 含量测定试剂盒：南京建成生物工程研究所（江苏南京，中国）。

6.2.3 试验日粮和试验设计

本试验选取 18 头 10 日龄断奶的大白 × 长白去势公猪，体重 4.36 kg±
0.29 kg，按照体重相近原则随机分为 3 个处理，每个处理 6 个重复，每个
重复 1 头猪。玉米—脱脂奶粉—酪蛋白基础日粮参照 NRC（1998）配制，
对照组日粮不含任何大豆成分，而以脱脂奶粉、鱼粉、乳清粉、酪蛋白和
血浆蛋白粉为蛋白来源；试验组日粮组成与对照组相似，但以 4% Glycinin
代替相应的酪蛋白。日粮配方和营养成分见表 6-1。

表 6-1 日粮组成及营养水平（以饲喂状态为基础）

Table 6-1 Ingredient composition and nutrient levels of the diets（as-fed basis）

配方组成 Ingredient composition（%）	日粮处理组 Dietary treatment	
	对照日粮 Control diet	激发日粮 Challenge diet
玉米 Corn	58.8	58.8
脱脂奶粉 Skimmed milk powder	9.5	9.5
乳清粉 Whey powder	10.0	10.0
酪蛋白 Casein	8.0	4.0
大豆球蛋白 Soybean glycinin	0.0	4.0
血浆蛋白粉 Spray dried porcine plasma	5.0	5.0
鱼粉 Fish meal	6.0	6.0
石粉 Limestone	0.5	0.5
磷酸氢钙 Calcium phosphate	1.0	1.0
食盐 Salt	0.2	0.2
预混料 Premix[1]	1.0	1.0
合计 Total	100.00	100.00
化学分析（测定值）Chemical analysis（Analyzed value）		

（续表）

配方组成 Ingredient composition（%）	日粮处理组 Dietary treatment	
	对照日粮 Control diet	激发日粮 Challenge diet
粗蛋白 Crude protein（%）	22.87	22.91
赖氨酸 Lysine（%）	1.67	1.57
钙 Calcium（%）	1.06	1.03
磷 Phosphorus（%）	0.80	0.76
消化能 Digestible energy（Kcal/g）[2]	3.44	3.45

注：[1]预混料为每千克日粮提供：维生素 A，10 000 IU；维生素 D_3，1 500 IU；维生素 E，30 IU；维生素 K_3，2.5 mg；维生素 B_1，1.5 mg；维生素 B_2，10 mg；维生素 B_6，10 mg；维生素 B_{12}，0.05 mg；叶酸，1.0 mg；维生素 B_7，0.5 mg；维生素 B_5，30 mg；泛酸，20 mg；铜，20 mg；铁，100 mg；锌，110 mg；锰，40 mg；硒，0.3 mg；碘，0.5 mg；

[2]计算值；

[1] Premix provided per kilogram of complete diet：vitamin A，10 000 IU；vitamin D_3，1 500 IU；vitamin E，30 IU；vitamin K_3，2.5 mg；vitamin B_1，1.5 mg；vitamin B_2，10 mg；vitamin B_6，10 mg；vitamin B_{12}，0.05 mg；folic acid，1 mg；biotin，0.5 mg；niacin，30 mg；pantothenic acid，20 mg；Cu，20 mg；Fe，100 mg；Zn，110 mg；Mn，40 mg；Se，0.3 mg；I，0.5 mg；

[2] Calculated value

6.2.4 建立仔猪致敏模型

6.2.4.1 致敏

试验组仔猪（第 2、第 3 组）分别在试验第 1~3 d、10 d 和 17 d 腹膜内注射大豆抗原蛋白 Glycinin 纯品 1.0 mg 进行致敏，对照组（第 1 组）注射等剂量的 PBS。

6.2.4.2 激发

在试验第 24 d 和 38 d 试验组（第 2、第 3 组）仔猪改喂含有大豆抗原蛋白 Glycinin 4%的试验日粮进行激发，对照组仔猪饲喂不含大豆成分的对照日粮。第 2 组仔猪从试验开始前一天口服 1.0 g 维生素 C，直至试验结束。

6.2.5　饲养管理

本试验在中国农业大学单胃动物代谢室进行。全封闭式猪舍，舍内温度、通风强度、湿度、二氧化碳和氨浓度自动化控制，舍温在试验开始时保持在 30℃，然后每周降 1.5℃，最终猪舍温度维持在 26~28℃，相对湿度为 50%~60%，昼夜光照交替时间为 12 h/12 h。屋顶排气扇通风。仔猪单笼（110 cm × 70 cm）饲养，漏缝喷塑地板，不锈钢可调式料槽。所有仔猪自由采食和饮水，并按常规管理程序进行驱虫和免疫。在试验开始和结束时清晨空腹称重，计算仔猪生长性能，记录试验全期各组仔猪的腹泻情况。

6.2.6　样品采集

试验结束时，所有仔猪前腔静脉采血，收集血清，在室温静置 30 min，3 000 ×g 4℃ 离心 15 min 后制备完成，保存于-20℃冰箱，用于测定血液中抗氧化指标和维生素 C 含量。

6.2.7　血液抗氧化和维生素 C 含量分析

采用南京建成的试剂盒并严格按照操作说明测定血清的总抗氧化能力（T-AOC）、谷胱甘肽过氧化物酶（GSH-Px）活性、超氧化物歧化酶（SOD）及丙二醛（MDA）含量。参考已有方法采用 2,4-二硝基苯肼法测定血清中维生素 C 含量（薛美兰等，2008）。

6.2.8　统计分析

数据采用 SAS 8.2 统计分析软件进行单因子方差分析，若差异显著，进一步作邓肯氏多重比较。P 值小于或等于 0.05 被认为差异显著。

6.3　结　果

血清抗氧化性能及维生素 C 含量

由表 6-2 可以看出，饲喂 Glycinin 处理组仔猪血清中 T-AOC 和 SOD 活性显著下降，丙二醛含量显著升高（$P < 0.05$）。而与抗原阳性处理组相比，每日饲喂 1.0 g 维生素 C 可显著提高仔猪血清中 T-AOC 和 SOD 活性（$P < 0.05$），降低丙二醛含量。同时，Glycinin 致敏组仔猪血清中维生素 C 水平明显低于对照组（$P < 0.05$），饲喂维生素 C 后有明显升高（$P < 0.05$）。

表 6-2　维生素 C 对 Glycinin 致敏仔猪血清总抗氧化能力、超氧化物歧化酶活性、丙二醛含量和维生素 C 含量的影响[1]

Table 6-2　Effects of vitamin C on weight gain and diarrhea, cytokine concentrations in cultured splenocyte supernatant, histamine content in the small intestine, and histamine release ratio in glycinin sensitized and control piglets[1]

项目 Items	阴性对照组 Control group	1.0 g 维 C 组 1.0 g vitamin C group	阳性抗原组 Sham group	SEM[2]	P 值 P value
总抗氧化能力 T-AOC（U/mL）	10.83[a]	11.92[a]	9.48[b]	0.35	0.01
超氧化物歧化酶 SOD（U/mL）	100.86[a]	108.92[a]	90.19[b]	3.39	0.01

（续表）

项目 Items	阴性对照组 Control group	1.0 g 维 C 组 1.0 g vitamin C group	阳性抗原组 Sham group	SEM[2]	P 值 P value
丙二醛 MDA（nmol/mL）	2.01[b]	2.39[ab]	2.80[a]	0.15	0.03
维生素 C Vitamin C（μg/mL）	13.15[ab]	14.96[a]	10.64[b]	1.03	0.04

注：[1]各组数值为各处理 6 头仔猪的平均值（仔猪平均体重为 4.36 kg± 0.29 kg）；

[2]平均数标准误；

[a,b,c]肩标上的字母不同表示差异显著，$P < 0.05$；

[1] Each value is the mean of data from 6 piglets (average initial BW of 4.36 kg± 0.29 kg) per group;

[2] Standard error of the mean;

[a,b,c] Mean values with different superscripts are different at $P< 0.05$

6.4　讨　论

动物机体的抗氧化防御体系包括酶促体系和非酶促体系，其中非酶促体系主要包括维生素 C、β-胡萝卜素和维生素 E 等，酶促体系则是由多种酶组成，且多数以微量元素作为活性中心，如：GSH-Px、CAT、SOD 等。机体可以靠自身的新陈代谢来维持机体与外环境的平衡，在外界环境和自身因素的影响下，机体会产生活性氧和自由基，而活性氧可以攻击细胞内生物分子，或者通过活化核酸酶及蛋白酶间接导致 DNA 断裂、蛋白质和 DNA 损害（倪丽丽，2011）。维生素 C 是机体必备营养素，兼有免疫增强和抗氧化的双重功效（明建华，2011）。

T-AOC 是衡量机体抗氧化系统功能状况的综合性指标，它的值反映机体对外来刺激的代偿能力（辛杭书等，2011）。过氧化氢酶（CAT）可以催化 H_2O_2 分解为 H_2O 和 O_2，其含量的高低反映机体脂质过氧化的程度，从而反映细胞损伤的程度，而 SOD 的活性可以反映机体清除自由基的程度，防止自由基对细胞膜的损害（毕宇霖等，2014）。本试验发现，Glycinin 致敏仔猪血清中 T-AOC 和 SOD 活性显著低于阴性对照组，而 MDA 含量显著高于阴性对照组，给致敏仔猪饲喂维生素 C 后，可以有效提高其血清中 T-AOC 和 SOD 活性，同时 MDA 含量得以降低。本试验结果表明大剂量维生素 C 在缓解仔猪过敏反应的同时，有利于提高机体抗氧化功能。

6.5 小 结

口服维生素 C 可提高仔猪血清中维生素 C 含量，并可以提高 Glycinin 过敏仔猪血清中维生素 C 的含量，总抗氧化能力和超氧化物歧化酶水平，降低丙二醛含量，有效提高机体抗氧化功能。

7 结论与建议

7.1 主要结论

（1）大豆抗原蛋白 Glycinin 可以诱发仔猪发生过敏反应，进而影响机体消化系统和免疫功能，抑制仔猪的生长。

（2）饲喂含有 Glycinin 的日粮显著升高了仔猪血浆中的 IgE 水平、小肠内肥大细胞数量和肠道组胺释放量，导致仔猪体液免疫功能亢进，从而诱发仔猪发生速发型过敏反应。

（3）饲喂含有 Glycinin 的日粮显著提高了仔猪淋巴细胞转化率和淋巴细胞亚群 $CD4^+$ 细胞数量，淋巴细胞的过度增殖、分化及其分泌的炎性介质增多，导致仔猪细胞免疫功能显著亢进。

（4）肥大细胞在 Glycinin 引起的过敏反应中，通过脱颗粒和释放大量的组胺而促进仔猪过敏反应的发生。

（5）维生素 C 通过调节过敏仔猪体内 Th1/Th2 免疫反应的平衡，促进 Th1 型细胞因子的产生，反向抑制 Th2 型细胞因子的分泌，从而降低过敏机体内 IgE 抗体水平，减少肥大细胞释放组胺，从而缓解仔猪的过敏症状，减少过敏性腹泻的发生，促进仔猪生长。

7.2　主要创新

（1）采用体内外几个相互关联试验相结合的研究方法，以高纯度的 Glycinin 蛋白为原料，通过建立仔猪过敏反应模型，更为系统、直接地证实了大豆抗原蛋白 Glycinin 的致敏作用是通过抑制仔猪体液和细胞免疫反应完成的。

（2）通过系统研究发现，肥大细胞脱颗粒并释放大量组胺等炎性因子是诱发仔猪过敏反应的根本原因。

（3）利用维生素 C 缓解大豆抗原蛋白 Glycinin 的致敏作用，为今后治疗大豆抗原蛋白导致的过敏性疾病乃至其他食物抗原导致的过敏性疾病提供了新的思路。

7.3　有待进一步研究和解决的问题

（1）进一步研究仔猪和犊牛等幼龄动物对大豆抗原蛋白的致敏域值，开发检测不同加工产品中大豆抗原蛋白含量的技术，为更合理地设计饲料配方提供科学的依据。

（2）进一步研究 Glycinin 诱发动物过敏反应的作用途径，从分子水平研究与过敏反应有关的细胞因子在基因表达水平上的变化。

（3）进一步研究在 Glycinin 引起的过敏反应中，单个亚基的作用及各亚基间的协同作用。

附　录

附录1　肥大细胞组织化学染色方法

肥大细胞组织化学染色参照许乐仁等（2002）的方法并进行了适当修改。

1. Carnoy's 固定液的配制

60 mL 无水乙醇，30 mL 氯仿，10 mL 冰乙酸。

载玻片的处理

（1）自来水清洗；

（2）蒸馏水清洗3次，烘干；

（3）酸液浸泡超过2 h；

（4）自来水清洗；

（5）蒸馏水清洗3次，烘干；

（6）涂多聚赖氨酸溶液（0.1%，v/w），烘干。

2. 包埋

（1）70%乙醇，1 h；

（2）80%乙醇，1 h；

（3）95%乙醇，1.5 h；

（4）100%乙醇，1.5 h；

（5）100%乙醇，1.5 h；

（6）二甲苯Ⅰ，30 min；

（7）二甲苯Ⅱ，30 min；

（8）石蜡Ⅰ，1 h；

（9）石蜡Ⅱ，1 h；

（10）石蜡Ⅲ，1 h；

（11）包埋。

3. 切片

（1）以 30 μm 的厚度，修切组织块，直至切到完整组织；

（2）以 6 μm 的厚度，切片；

（3）在玻片上滴加水，选取合适的组织片将其展开，酒精灯略微烘烤后用纸将水吸干；

（4）烘干、标号、放入切片盒等待染色。

4. 肥大细胞染色

（1）二甲苯Ⅰ，5 min；

（2）二甲苯Ⅱ，5 min；

（3）100%乙醇Ⅰ，2~5 min；

（4）100%乙醇Ⅱ，2~5 min；

（5）95%乙醇，2~5 min；

（6）80%乙醇，2~5 min；

（7）70%乙醇，2~5 min；

（8）pH 0.5 盐酸，5 min；

（9）擦干切片，切勿擦掉组织；

（10）甲苯胺蓝染色，30 min；

（11）自来水冲洗，蒸馏水冲洗，pH 值 0.5 盐酸冲洗，自来水冲洗，蒸馏水冲洗；

（12）藏红 O 染色，30 s；

（13）自来水冲洗，蒸馏水冲洗，烘箱烘干；

（14）100%乙醇，浸泡，烘干；

（15）二甲苯，透明；

（16）中性树胶封片。

5. 肥大细胞计数

（1）黏膜层肥大细胞计数：每张片子随机选取 10 处肠绒毛黏膜，在 40 倍显微镜下，利用网格测微尺（100 个方格为 0.25 mm^2），计数后取平均值。单位为每平方毫米肥大细胞数。

（2）黏膜下层肥大细胞计数：每张片子随机选取 10 处黏膜下层，在 40 倍显微镜下，利用网格测微尺（100 个方格为 0.25 mm^2）计数。单位为每平方毫米肥大细胞数。

附录 2   HPLC 测定小肠组织中组胺标准曲线的制作

表 1   梯度洗脱程序

Table 1   Gradient elution program

洗脱时间 Elution time（min）	流速 Flow rate（mL/min）	流动相 A Solvent A（%）	流动相 B Solvent B（%）
0.00	1.00	90.0	10.0
25.00	1.00	40.0	60.0
26.00	1.00	0.0	100.0
35.00	1.00	0.0	100.0
36.00	1.00	90.0	10.0
40.00	1.00	90.0	10.0

表 2   组胺 HPLC 测定的相关参数及回归方程

Table 2   Parameters and the regression equation on the histamine determination by HPLC

项目 Items	组胺 Histamine					
浓度 Concentration（μg/mL）	0.1	0.5	1.0	2.0	5.0	10.0
峰面积 Peak area	319 756	1 598 780	3 692 615	6 664 056	16 160 125	32 330 115
保留时间 Reservation time（min）			29.5			
回归方程 Regression equation			$Y = 3E + 06x + 154\ 993$			
相关系数 Relative coefficient			$R^2 = 1.0$			

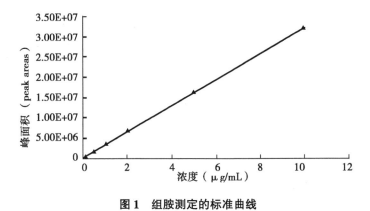

图1　组胺测定的标准曲线

Figure 1　Standard curve of determination of histamine

附录 3　MTT 法测定仔猪血液淋巴细胞转化率

参照赖长华（2004）的方法，并在此基础上进行了适当的修改。

1. 测定原理

根据活细胞特别是增殖期的细胞可通过线粒体能量代谢过程中的琥珀酸脱氢酶的作用，使淡黄色的四甲基偶氮唑盐的量与细胞增殖程度呈正相关。死细胞和不能进行线粒体能量代谢的细胞如红细胞均不能使 MTT 代谢产生蓝色结晶。非增殖状态的脾细胞能量代谢比活化的、处于增殖状态的脾细胞要弱得多，故产生蓝色结晶的量也少，而活化的增殖脾细胞和自发增殖的肿瘤细胞使其（MTT）还原为蓝色结晶沉积于细胞内或周围，形成蓝色结晶且能量代谢异常活跃，故产生蓝色结晶也多。通过比色分析测定蓝色结晶量即可了解细胞的增殖情况。

2. 主要仪器及材料

超净工作台；二氧化碳培养箱；570 nm 双波长酶标仪，可用 600 或620 nm 校正；微量移液器；2 500 rpm 水平离心机；涡旋震荡器；细胞培养用显微镜；细胞计数板和玻片；血球分类计数器；过滤除菌装置和滤膜；一次性 96 孔聚丙烯培养板。

3. 试剂配制

（1）RPMI-1640 完全营养液

RPMI-1640 营养液：取 RPMI-1640 粉剂（LIFE TECHNOLOGIES，INC）1 袋（10.4 g）置烧杯中，加入灭菌双蒸水约 900 mL。另取 $NaHCO_3$2 g，先溶解于 15 mL 无菌双蒸水中，然后缓慢滴入 RPMI-1640 液中，边加边搅拌使其完全溶解，然后转入容量瓶定容至 1 L。用蔡氏滤过器过滤除菌，按每次试验需要量分装，−20℃保存。

RPMI-1640完全培养液：取RPMI-1640营养液93 mL，依次加入小牛血清5 mL，N-(2-羟乙基)-哌嗪-N′-2-乙烷-磺酸(N-(2-hydroxyethyl)-piperazine-N′-2-ethane-sulfonic acid，Hepes) 缓冲液1 mL（在培养液中的终浓度为24 mM）、青霉素0.5 mL（终浓度为100 U/mL）和链霉素0.5 mL（终浓度为100 μg/mL），再用高压灭菌的5.6% NaHCO$_3$调整pH值至7.4左右。

（2）Hepes缓冲液

精确称取Hepes粉剂（Sigma），溶解于pH值7.2的磷酸盐缓冲液，配成浓度为2.4 M的Hepes缓冲液。

（3）LPS溶液

精确称取脂多糖（lipopolysaccharides，LPS）（Sigma，L-2880），用RPMI-1640营养液配成浓度为200 μg/mL的溶液。超滤除菌，冻存备用。

（4）Con A溶液

精确称取刀豆球蛋白A（concanavalin A，Con A）（Sigma，C-2631），用RPMI-1640营养液配成浓度为200 μg/mL的溶液。超滤除菌，冻存备用。

（5）MTT溶液

精确称取MTT（Bebco C268-2），用pH值7.2的PBS配成浓度为5 mg/mL的溶液。超滤除菌，冻存备用。

（6）10% SDS-0.04 M HCl溶液

10 g SDS溶于100 mL 0.04 M的HCl中，临用前配制。

（7）0.5%台盼蓝染色液

①1%台盼蓝溶液：称取1 g台盼蓝，溶于100 mL蒸馏水；②1.7% NaCl溶液：称取1.7 g NaCl，溶于100 mL蒸馏水；③应用液配制：临用前将1%台盼蓝溶液和1.7% NaCl溶液等量混合，6 000 r/min离心10 min，取上清液即可得0.5%台盼蓝染色液。

4. 操作步骤

（1）淋巴细胞分离

采仔猪全血 5 mL，肝素抗凝。移取 4 mL 淋巴细胞分离液于 15 mL 离心管中，然后沿管壁缓慢加入 3 mL 血，2 500 r/min 离心 10 min。取中间白细胞部分，加入 3~5 倍 RPMI-1640 营养液，洗涤 3 次，每次 2 000 r/min 离心 10 min，弃上清。然后将细胞悬浮于 RPMI-1640 完全培养液，用台盼蓝染色，计数活细胞数（>95%），调整细胞浓度为 2×10^6 个/mL。

（2）淋巴细胞增殖反应

将淋巴细胞悬液加入 96 孔细胞培养板，再加入含不同浓度丝裂原的 RPMI-1640 完全培养液，对照组则加等体积的不含丝裂原的培养液，培养体系每孔共 200 μL，3 个重复。于 5% CO_2、37℃下培养 72 h。在培养结束前 4 h，每孔加入 5 mg/mL 的 MTT 10 μL，继续培养。培养结束时，每孔再加入 100 μL 10% SDS-0.04 M HCl 溶液，30 min 后用酶标仪于 570 nm 波长下测定 OD 值。

（3）结果计算

淋巴细胞转化率通常以刺激指数（SI）表示。

SI =丝裂原刺激孔 $OD_{570\,nm}$/对照孔 $OD_{570\,nm}$。

缩写词表

英文缩写	英文全称	中文名称
APC	Antigen presenting cell	抗原呈递细胞
BW	Body weight	体重
CD	Cluster of differentiation	分化群
Con A	Concanavalin A	刀豆蛋白 A
CTL	Cytotoxic T cell	细胞毒 T 细胞
ELISA	Enzyme−link immunosorbent assay	酶联免疫吸附测定
Hepes	N− (2-hydroxyethyl) −piperazine−N′−2-ethane-sulfonic acid	N− (2−羟乙基) −哌嗪−N′−2−乙烷−磺酸
HRP	Horseradish peroxides	辣根过氧化酶
HRT	Histamine releasing test	组胺释放实验
IFN−γ	Interferon−γ	γ−干扰素
Ig	Immunoglobulin	免疫球蛋白
IL	Interleukin	白细胞介素
MDA	Malondialdehyde	丙二醛
MHC	Major histocompatibility complex	主要组织相容性复合物
MLN	Mesenteric lymph nodes	肠系膜淋巴结

英文缩写	英文全称	中文名称
MTT	3-（4, 5-dimethlthiazol-2-yl）-2, 5-diphenyltetrazolium bromide	四甲基偶氮唑盐
OD	Optical density	吸光度
OPD	O-phenylenediamine-dihydrochloride	邻苯二胺
PAGE	Polyacrylamide gel electrophoresis	聚丙烯酰胺凝胶电泳
PBS	Phosphate-buffered saline	磷酸盐缓冲溶液
PMSF	Phenylmethanesulfonyl fluoride	蛋白酶抑制剂
SC	Secretory component	分泌成分
SOD	Superoxide dismutase	超氧化物歧化酶
SDS	Sodium dodecyl sulfate	十二烷基硫酸钠
SPT	Skin positive test	皮肤反应实验
T-AOC	Total antioxidant capacity	总抗氧化能力
Th1/ Th2	Helper T cell1/2	辅助性 T 细胞 1/2
TMB	Tetramethylbenzidine	四甲基联苯胺

参考文献

毕宇霖，万发春，姜淑贞，等. 2014. β-胡萝卜素对肉牛生产性能、抗氧化功能、血液生理指标和肉品质的影响［J］. 动物营养学报，26（5）：1 214-1 220.

陈代文，杨凤，陈可容. 1995. 饲粮蛋白水平和豆饼用量对仔猪断奶后腹泻和生长发育的影响［J］. 畜牧兽医学报，26（6）：508-514.

陈代文. 1994. 日粮抗原与早期断奶仔猪腹泻的关系［J］. 国外畜牧科技，21（1）：37-40.

戴剑，薛松，宋金明，等. 1997. 维生素 C 的功能［J］. 中国饲料（11）：19-20.

丁焱. 2002. 维生素 C 的功能和应用［J］. 宿州师专学报，17（3）：61-62.

葛颖华，钟晓明. 2007. 维生素 C 和维生素 E 抗氧化机制及其应用的研究进展［J］. 吉林医学，28（5）：707-708.

宫德正，邹原，梅懋华. 2002. 肠黏膜免疫系统与细胞因子［J］. 大连医科大学学报，24（1）：56-60.

郭鹏飞. 2007. 大豆抗原蛋白β-Conglycinin 及其 α′-亚基诱发 Brown-Norway 大鼠过敏反应的机理研究［D］. 北京：中国农业大学.

何静仁. 2003. 银杏酸的变应原性及致过敏作用机制研究［D］. 武汉：

华中农业大学.

胡迎利, 徐春兰, 汪以真. 2005. 动物黏膜免疫与细胞因子的研究进展 [J]. 中国兽药杂志, 39 (12): 32-35.

赖长华. 2004. 共轭亚油酸对断奶仔猪免疫应激的调控 [D]. 北京: 中国农业大学.

李德发, 佘伟民, 杨胜. 1993. 膨化大豆饼 (粕) 对仔猪生产性能、肠内膜形态和免疫反应的影响. 中国博士后论文集 [C]. 4: 588.

李德发. 2003. 大豆抗营养因子 [M]. 北京: 中国科学技术出版社.

李斐, 黎海芪. 2006. 卵清蛋白致敏小鼠肠道黏膜 sIgA 抗体反应的实验研究 [J]. 中华儿科杂志, 44 (4): 294-298.

李斐. 2004. 金银花水提物治疗卵清蛋白过敏小鼠的实验研究 [D]. 重庆: 重庆医科大学.

刘晓毅. 2005. 大豆食源性致敏蛋白的识别、去除及脱敏后加工特性研究 [D]. 北京: 中国农业大学.

刘欣, 冯杰. 2004. 大豆抗原蛋白的研究进展 [J]. 中国饲料, 20: 14-15.

刘欣, 冯杰. 2005. 大豆抗原蛋白与断奶仔猪腹泻的关系 [J]. 饲料研究 (2): 47-48.

明建华. 2011. 大黄素和维生素 C 对团头鲂生长、非特异性免疫以及抗应激的影响 [D]. 南京: 南京农业大学.

倪丽丽. 2011. 有机硒对奶牛瘤胃发酵、抗氧化功能及免疫功能的影响 [D]. 呼和浩特: 内蒙古农业大学.

谯仕彦, 李德发, 杨胜. 1995. 不同加工处理的大豆蛋白日粮对早期断奶仔猪断奶后腹泻影响的研究 [J]. 动物营养学报, 7 (4): 1-6.

谯仕彦, 李德发. 1996. 不同加工处理大豆产品对早期断奶仔猪的过敏反应、腹泻和粪中大肠杆菌影响的研究 [J]. 动物营养学报, 8

（3）：1-8.

孙泽威. 2001. 大豆中主要抗原物质对犊牛的影响［D］. 长春：吉林
　　农业大学.

唐倩，曾正渝. 2007. 维生素 C 的临床新用途［J］. 中国药业，16
　　（8）：63.

田晓华，顾景范，孙存普. 1996. 氧化应激与抗氧化维生素的作用
　　［J］. 国外医学（卫生学分册），23（4）：229-233.

王璟. 2000. 老药新用维生素 C［J］. 首都医药，7（10）：57-58.

向军俭，张在军，毛露甜，等. 2005. 食品过敏原体外激发小鼠致敏肥
　　大细胞组胺释放［J］. 广东医学，26（5）：593-595.

辛杭书，雒国斌，赵洪波，等. 2011. 日粮中添加不同水平的酵母硒对
　　围产后期奶牛抗氧化能力和免疫机能的影响［J］. 中国农业大学学
　　报，16（4）：95-101.

徐海军，黄利权. 2001. 仔猪早期断乳发生日粮抗原过敏反应的机理
　　［J］. 中国兽医杂志，37（2）：41-44.

徐良梅，滕小华，张忠远. 2002. 全脂大豆抗营养因子对两种猪种小肠
　　形态结构的影响［J］. 东北农业大学学报，33（4）：364-367.

许乐仁，高登慧，欧德渊. 2002. 家禽的肥大细胞［J］. 中国兽医杂
　　志，38（5）：32-35.

薛美兰，马爱国，张秀珍. 2008. 大剂量维生素 C 对大鼠抗氧化能力
　　及淋巴细胞增殖功能影响的研究［J］. 营养学报，30（5）：
　　525-527.

尹红. 2003. 美国科学家首次成功培育过敏性低大豆品种［J］. 粮食与
　　油脂（1）：22.

詹冬玲. 2002. 大豆对母猪和仔猪生产性能及免疫反应的影响［D］.
　　长春：吉林农业大学.

张可喜. 2002. 日本研究出不易引起过敏的大豆 [J]. 大豆通报 (3)：30.

张雪梅，郭顺堂. 2003. β-伴大豆球蛋白水解产物中糖肽的分离和鉴定 [J]. 食品科学，24 (10)：26-30.

赵元. 2006. 大豆球蛋白及 β-伴大豆球蛋白在仔猪体内消化动力学的研究 [D]. 长春：吉林农业大学.

郑峰，盛明生，孙松筠，等. 1999. 大剂量维生素 C 的临床应用 [J]. 临床荟萃，14 (5)：208-209.

朱建华，杨晓泉，陈刚. 2003. 大豆 7S 球蛋白和 11S 球蛋白的研究 [J]. 粮油加工与食品机械 (8)：37-39.

Abbas A K, Murphy K M and Sher A. 1996. Functional diversity of helper T lymphocytes [J]. Nature, 383：787-793.

Abraham S N and Malaviya R. 1997. Mast cells in infection and immunity [J]. Infect. Immun., 65：3 501-3 508.

Anderson R A, Evans L M, Ellis G R, et al.2006.Prolonged deterioration of endothelial dysfunction in response to postprandial lipaemia is attenuated by vitamin C in type 2 diabetes [J]. Diabet. Med., 23：258-264.

Aoyama T, Kohno M, Saito T. et al. 2001. Reduction by phytate-reduced soybean β-Conglycinin of plasma triglyceride level of young and adult rats [J]. Biosci. Biotechnol. Biochem., 65：1 071-1 075.

Arrang J M, Garbarg M, Schwartz J C, et al. 1991. The histamine H3-receptor：Pharmacology, roles and clinical implications studied with agonists [J]. Agents Actions Suppl., 33：55 (Abstr.).

Ashida Y and Denda M. 2003. Dry environment increases mast cell number and histamine content in dermis in hairless mice [J]. Br. J. Dermatol.,

149: 240-247.

Beagley K W, Eldridge J H, Lee F, et al. 1989. Interleukines and IgA synthesis. Human and murine interleukin 6 induce high rate IgA secretion in IgA-committed B cells [J]. J. Exp. Med., 169: 2 133-2 148.

Beardslee T A, Zeece M G, Sarath G, et al. 2000. Soybean glycinin G1 acidic chain shares IgE epitopes with peanut allergen Ara h 3. Int. Arch [J]. Allergy Immunol., 123: 299-307.

Brandt E B, Strait R T, Hershko D, et al. 2003. Mast cells are required for experimental oral allergen-induced diarrhea [J]. J. Clin. Invest., 112: 1 666-1 677.

Burks, A W, Brooks J R, and Sampson H A. 1988. Allergenicity of major component proteins of soybean determined by enzyme-linked immunosorbent assay (ELISA) and immunoblotting in children with atopic dermatitis and positive soy challenges [J]. J. Allergy Clin. Immunol., 81: 1 135-1 142.

Catsimpoolas N and Ekenstam C. 1969. Isolation of alpha, beta, and gamma conglycinins [J]. Arch. Biochem. Biophys., 129: 490-497.

Chandra R K. 2002. Food hypersensitivity and allergic diseases [J]. Eur. J. Clin. Nutr., 56 (Suppl. 3): 54-56.

Clemetson C A B. 1980. Histamine and ascorbic acid in human blood [J]. J. Nutr., 110: 662-668.

Cordle C T. 2004. Soy protein allergy: Incidence and relative severity [J]. J. Nutr., 134: 1 213S-1 219S.

Crockard A D and Ennis M. 2001. Basophil histamine release tests in the diagnosis of allergy and asthma [J]. Clin. Exp. Allergy, 31: 345-350.

de Jonge F, van Nassauw L, van Meir F, et al. 2002. Temporal distribution of distinct mast cell phenotypes during intestinal schistosomiasis in mice [J]. Parasite Immunol., 24: 225-231.

de Jonge J D, Knippels L M J, Ezendam J, et al. 2007. The importance of dietary control in the development of a peanut allergy model in Brown Norway rats [J]. Methods, 41: 99-111.

Dréau D, Lallès J P, Philouze-Romé V, et al. 1994. Local and systemic immune responses to soybean protein ingestion in early-weaned pigs [J]. J. Anim. Sci., 72: 2 090-2 098.

Duke W W. 1934. Soy bean as a possible important source of allergy [J]. J. Allergy, 5: 300-302.

Duranti M, Lovati M R, Dani V, et al. 2004. The α' subunit from soybean 7S globulin lowers plasma lipids and upregulates liver β-VLDL receptors in rats fed a hypercholesterolemic diet [J]. J. Nutr., 134: 1 334-1 339.

Eigenmann P A. 2003. Future therapeutic options in food allergy [J]. Allergy, 58: 1 217-1 223.

Enwonwu C O and Meeks V I. 1995. Bionutrition and oral cancer in humans [J]. Crit. Rev. Oral Biol. Med., 6: 5-17.

Evans M, Anderson R A, Smith J C, et al. 2003. Effects of insulin lispro and chronic vitamin C therapy on postprandial lipaemia, oxidative stress and endothelial function in patients with type 2 diabetes mellitus [J]. Eur. J. Clin. Invest., 33: 231-238.

Fiorentino D F, Bond M W, and Mosmann T R. 1989. Two types of mouse T helper cell. IV. Th2 clones secrete a factor that inhibits cytokine production by Th1 clones [J]. J. Exp. Med., 170: 2 081-2 095.

Fiorentino D F, Zlotnik A, Mosmann T R, et al. 1991. IL-10 inhibits cytokine production by activated macrophages [J]. J. Immunol., 147: 3 815-3 822.

Friedman M and Brandon D L. 2001. Nutritional and health benefits of soy proteins [J]. J. Agric. Food Chem., 49: 1 069-1 086.

Foucard T and Yman I M. 1999. A study on severe food reactions in Sweden- is soy protein an underestimated cause of food anaphylaxis? [J] Allergy, 54: 261-265.

Gizzarelli F, Corinti S, Barletta B, et al. 2006. Evaluation of allergenicity of genetically modified soybean protein extract in a murine model of oral allergen-specific sensitization [J]. Clin. Exp., Allergy 36: 238-248.

Golubovic M, van Hateren S H, Ottens M, et al. 2005. Novel method for the production of pure glycinin from soybeans [J]. J. Agric. Food Chem., 53: 5 265-5 269.

Gong J and Xiao M. 2016. Selenium and antioxidant status in dairy cows at different stages of lactation [J]. Biol. Trace Elem. Res., 171: 89-93.

Goodman R E, Taylor S L, Yamamura J, et al. 2007. Assessment of the potential allergenicity of a Milk Basic Protein fraction [J]. Food Chem. Toxicol, Doi: 10. 1016/j. fct. 2007. 03. 014.

Guo P F, Piao X S, Ou D Y, et al. 2007. Characterization of the antigenic specificity of soybean protein β-conglycinin and its effects on growth and immune function in rats [J]. Arch. Anim. Nutr., 61: 189-200.

Guo P F, Piao X S, Cao Y H, et al. 2008. Recombinant soybean protein β-conglycinin α'-subunit expression and induced hypersensitivity reaction in rats [J]. Int. Arch. Allergy Immunol., 145: 102-110.

Hancock J D, Cao H, Kim I H, et al. 2000. Effects of processing technolo- gies and genetic modifications on nutritional value of full-fat soybeans in pigs [J]. Asian-Aus. J. Anim. Sci., 13 (Special issue): 356-375.

Hatch G E. 1995. Asthma, inhaled oxidants and dietary antioxidants [J]. Am. J. Clin. Nutr., 61 (Suppl.): 625S-630S.

He L, Han M, Qiao SY, et al. 2015. Soybean antigen proteins and their intestinal sensitization activities [J]. Current Protein and Peptide Science, 16: 613-621.

He S H, Gaça M D A, and Walls A F. 1998. A role for tryptase in the activation of human mast cells: Modulation of histamine release by tryptase and inhibitors of tryptase [J]. J. Pharmacol. Exp. Ther., 286: 289-297.

He S H, Xie H, Zhang X J, et al. 2004. Inhibition of histamine release from human mast cells by natural chymase inhibitors [J]. Acta. Pharmacol. Sin., 25: 822-826.

Helm R M, Furuta G T, Stanley J S, et al. 2002. A neonatal swine model for peanut allergy [J]. J. Allergy Clin. Immunol., 109: 136-142.

Herian A M, Taylor S L, and Bush R K. 1993. Allergenic reactivity of various soybean products as determined by RAST inhibition [J]. J. Food Sci., 58: 385-388.

Herman E M, Helm R M, Jung R, et al. 2003. Genetic modification removes an immunodominant allergen from soybean [J]. Plant Physiol., 132: 36-43.

Herman, E. 2005. Soybean allergenicity and suppression of the immunodominant allergen [J]. Crop Sci., 45: 462-467.

Holmes H N and Alexander W. 1942. Hay fever and vitamin C [J]. Science, 96: 497-499.

Hou D H and Chang S K C. 2004. Structural characteristics of purified glycinin from soybeans stored under various conditions [J]. J. Agric. Food Chem., 52: 3 792-3 800.

Iqbal K, KhanA., and Khattak M M A K. 2004. Biological significance of ascorbic acid (vitamin C) in human health - a review [J]. Pakistan J. Nutr., 3: 5-13.

Johnston C S, Martin L J, and Cai X. 1992. Antihistamine effect of supplemental ascorbic acid and neutrophil chemotaxis [J]. J. Am. Coll. Nutr., 11: 172-176.

Jones H P, Tabor L, Sun X L, et al. 2002. Depletion of CD8$^+$ T cells exacerbates CD4$^+$ Th cell-associated inflammatory lesions during murine mycoplasma respiratory disease [J]. J. Immunol., 168: 3 493-3 501.

Jutel M, Watanabe T, Akdis M, et al. 2002. Immune regulation by histamine [J]. Curr. Opin. Immunol., 14: 735-740.

Kapil U, Singh P, Bahadur S, et al. 2003. Association of vitamin A, vitamin C and zinc with laryngeal cancer [J]. Indian J. Cancer, 40: 67-70.

Kokkonen J, Tikkanen S, Karttunen T J, et al. 2002. A similar high level of immunoglobulin A and immunoglobulin G class milk antibodies and increment of local lymphoid tissue on the duodenal mucosa in subjects with cow's milk allergy and recurrent abdominal pains [J]. Pediatr. Allergy Immunol., 13: 129-136.

Ladics G S, Holsapple M P, Astwood J D, et al. 2003. Workshop overview: Approaches to the assessment of the allergenic potential of food from genetically modified crops [J]. Toxicol. Sci., 73: 8-16.

Lallès J P, Tukur H M, Salgado P, et al. 1999. Immunochemical studies on gastric and intestinal digestion of soybean glycinin and β-conglycinin *in vivo* [J]. J. Agric. Food Chem., 47: 2 797–2 806.

Lei M G and Reeck G R. 1987. Two–dimensional electrophoretic analysis of the proteins of isolated soybean protein bodies and of glycosylation of soybean proteins [J]. J. Agric. Food Chem., 35: 296–300.

L'Hocine L and Boye J I. 2007. Allergenicity of soybean: New developments in identification of allergenic proteins, cross–reactivities and hyperallergenization technologies [J]. Crit. Rev. Food Sci. Nutr., 47: 127–143.

Li D F, Nelssen J L, Reddy P G, et al. 1990. Transient hypersensitivity to soybean meal in the early–weaned pig [J]. J. Anim. Sci., 68: 1 790–1 799.

Li D F, Nelssen J L, Reddy P G, et al. 1991. Measuring suitability of soybean products for early–weaned pigs with immunological criteria [J]. J. Anim. Sci., 69: 3 299–3 307.

Li Z T, Li D F, Qiao S Y, et al. 2003a. Anti–nutritional effects of a moderate dose of soybean agglutinin in the rat [J]. Arch. Anim. Nutr., 57: 267–277.

Li Z T, Li D F, and Qiao S Y. 2003b. Effects of soybean agglutinin on nitrogen metabolism and on characteristics of intestinal tissues and pancreas in rats [J]. Arch. Anim. Nutr., 57: 369–380.

Ling L, Zhao S P, Gao M, et al. 2002. Vitamin C preserves endothelial function in patients with coronary heart disease after a high–fat meal [J]. Clin. Cardiol., 25: 219 (Abstr.).

Maruyama N, Fukuda T, Saka S, et al. 2003. Molecular and structural analysis of electrophoretic variants of soybean seed storage proteins [J]. Phytochemistry, 64: 701–708.

Mayer L. 2003. Mucosal Immunity [J]. Pediatrics, 111: 1 595–1 600.

Metcalfe D D, Baram D, and Mekori Y A. 1997. Mast cells [J]. Physiol. Rev., 77: 1 033-1 079.

Miller B G, Newby T J, Stokes C R, et al. 1984. The importance of dietary antigen in the cause of postweaning diarrhea in pigs [J]. Am. J. Vet. Res., 45: 1 730-1 733.

Moneret-Vautrin D A, Morisset M, Flabbee J, et al. 2005. Epidemiology of life-threatening and lethal anaphylaxis: A review [J]. Allergy, 60: 443-451.

Mujoo R, Trinh D T, and Ng P K W. 2003. Characterization of storage proteins in different soybean varieties and their relationship to tofu yield and texture [J]. Food Chem., 82: 265-273.

Murphy P A and Resurreccion A P. 1984. Varietal and environmental differences in soybean glycinin and β-conglycinin content [J]. J. Agric. Food Chem., 32: 911-915.

National Research Council (NRC). 1998. Nutrient requirements of swine. 10th ed. Washington: National Academy Press.

Noh K, Lim H, Moon S, et al. 2005. Mega-dose vitamin C modulates T cell functions in Balb/c mice only when administered during T cell activation [J]. Immunol. Lett., 98: 63-72.

Nowak - Wegrzyn A. 2003. Future approaches to food allergy [J]. Pediatrics, 111: 1 672-1 680.

Ou D Y, Li D F, Cao Y H, et al. 2007. Dietary supplementation with zinc oxide decreases expression of the stem cell factor in the small intestine of weanling pigs [J]. J. Nutr. Biochem., 18: 820-826.

Padayatty S J, Katz A, Wang Y H, et al. 2003. Vitamin C as an antioxidant: Evaluation of its role in disease prevention [J]. J. Am.Coll. Nutr., 22: 18-35.

Perez M D, Mills E C, Lambert N, et al. 2000. The use of anti-soya glob-
ulin antisera in investigating soya digestion *in vivo* [J]. J. Sci. Food Ag-
ric., 80: 513-521.

Prasad A S.2014.Zinc: An antioxidant and anti-inflammatory agent: role of
zinc in degenerative disorders of aging [J]. J. Trace Elem. Med. Biol.,
28: 364-371.

Qiao S Y, Li D F, Jiang J Y, et al. 2003. Effects of moist extruded full-fat
soybeans on gut morphology and mucosal cell turnover time of weanling
pigs [J]. Asian-Aust. J. Anim. Sci., 16: 63-69.

Ramsay A J, Hushand A J, and Ramshaw I A. 1994. The role of interleukin-
6 in mucosal IgA antibody responses *in vivo* [J]. Science, 264:
561-563.

Rangachari P K. 1992. Histamine: Mercurial messenger in the gut [J].
Am. J. Physiol., 262: G1-G13.

Saarinen K M, Sarnesto A, and Savilahti E. 2002. Markers of inflammation
in the feces of infants with cow's milk allergy [J]. Pediatr. Allergy Immu-
nol., 13: 188-194.

Sampson H A.2004.Update on food allergy [J]. J. Allergy Clin. Immunol.,
113: 805-819.

Schneider E, Rolli-Derkinderen M, Arock M, et al. 2002. Trends in his-
tamine research: New functions during immune responses and
hematopoiesis [J]. Trends Immunol., 23: 255-263.

Shibasaki M, Suzuki S, Tajima S, et al.1980.Allergenicity of major compo-
nent proteins of soybean [J]. Int. Archs Allergy appl. Immun., 61:
441-448.

Shuttuck-Eidens D M and Beachy R N.1985.Degradation of β-conglycinin in early stages of soybean embryogenesis [J]. Plant Physiol., 78: 895-898.

Stenton G R, Vliagoftis H, and Befus A D.1998.Role of intestinal mast cells in modulating gastrointestinal pathophysiology [J]. Ann. Allergy Asthma Immunol., 81: 1-15.

Stokes C R, Miller B G, Bailey M, et al.1987. The immune response to dietary antigens and its influence on disease susceptibility in farm animals [J]. Vet.Immunol.Immunopathol., 17: 413-423.

Sun P, Li D, Li Z, et al.2008a. Effects of glycinin on IgE-mediated increase of mast cell numbers and histamine release in the small intestine [J]. Journal of Nutritional Biochemistry, 19: 627-633.

Sun P, Li D, Dong B, et al.2008b. Effects of soybean glycinin on performance and immune function in early weaned pigs [J]. Archives of Animal Nutrition, 62: 313-321.

Tang S S, Li D F, Qiao S Y, et al. 2006. Effects of purified soybean agglutinin on growth and immune function in rats [J]. Arch.Anim.Nutr., 60: 418-426.

Thanh V H and Shibasaki K. 1977. Beta-conglycinin from soybean proteins: Isolation and immunological and physicochemical properties of the monomeric forms [J]. Biochim.Biophys.Acta, 490: 370-384.

Thornhill S M and Kelly A M. 2000. Natural treatment of perennial allergic rhinitis [J]. Altern.Med.Rev., 5: 448-454.

Turkur H M, Lalles J P, Mathis C, et al. 1993. Digestion of soybean globulins, α-conglycinin and β-conglycinin in the preruminant and the ruminant calf [J]. Can.J.Anim.Sci., 73: 891-905.

Uyeno Y, Sekiguchi Y, Kamagata Y. 2010. rRNA - based analysis to monitor succession of faecal bacterial communities in Hostein calves [J]. Letters in Applied Microbiology, 51: 570-577.

Vajdy M, Kosco-Vilbois M H, Kopf M, et al. 1995. Impaired mucosal immune responses in interleukin 4-targeted mice [J]. J.Exp.Med., 181: 41-53.

van Halteren A G S, van der Cammen M J F, Biewenga J, et al. 1997. IgE and mast cell responses on intestinal allergen exposure: A murine model to study the onset of food allergy [J]. J. Allergy Clin., Immunol., 99: 94-99.

Woof J M and Kerr M.A. 2004. IgA function - variations on a theme [J]. Immunol., 113: 175-177.

You J M, Li D F, Qiao S Y, et al. 2008. Development of a monoclonal antibody-based competitive ELISA for detection of β-conglycinin, an allergen from soybean [J]. Food Chem., 106: 352-360.

Zang J J, Li D F, Piao X S, et al. 2006. Effects of soybean agglutinin on body composition and organ weights in rats [J]. Arch.Anim.Nutr., 60: 245-253.

Zeece M G, Beardslee T A, Markwell J P, et al. 1999. Identification of an IgE-binding region in soybean acidic glycinin G1 [J]. Food Agric.Immunol., 11: 83-90.

Zhang L Y, Li D F, Qiao S Y, et al. 2003. Effects of stachyose on performance, diarrhoea incidence and intestinal bacteria in weanling pigs [J]. Arch.Anim.Nutr., 57: 1-10.

Zuercher A W, Fritsché R, Corthésy B, et al. 2006. Food products and allergy development, prevention and treatment [J]. Curr.Opin.Biotech., 17: 198-203.